LE FANTASME DE L'IMMORTALITÉ

TRANSHUMANISME

EUROPEAN AI ACT

Rédigé de 2020 à 2023, et mis à jour en 2026 pour la réédition, l'auteur atteste que cet essai est une œuvre originale intégralement conçue, documentée et rédigée sans le concours de systèmes d'intelligence artificielle générative ou d'outils d'assistance à la rédaction automatisée. L'ensemble des analyses, arguments, recherches et formulations stylistiques présentés dans cet ouvrage reflètent exclusivement le travail intellectuel et la responsabilité éditoriale de l'auteur.

Dépôt légal
Bibliothèque et Archives nationales du Québec
Second trimestre 2026

ISBN : 978-2-923690-30-8

EUROPEAN AI ACT

Rédigé de 2020 à 2023, et mis à jour en 2026 pour la réédition, l'auteur atteste que cet essai est une œuvre originale intégralement conçue, documentée et rédigée sans le concours de systèmes d'intelligence artificielle générative ou d'outils d'assistance à la rédaction automatisée. L'ensemble des analyses, arguments, recherches et formulations stylistiques présentés dans cet ouvrage reflètent exclusivement le travail intellectuel et la responsabilité éditoriale de l'auteur.

SOCIOLOGIE
VISUELLE MÉDIA
Documentaires et Perspectives Sociales

sociologievisuelle.com

Prologue

Pour certains chercheurs, et pour tout un courant de pensée, le transhumanisme, la mort n'est pas un horizon indépassable, car il serait possible de l'outrepasser ou d'en ralentir d'autant sa survenue en ralentissant de façon importante le vieillissement. Ainsi, la mort n'est plus du tout considérée comme un problème d'ordre philosophique, spirituel ou religieux, mais bien comme un problème d'ingénieur, autrement dit, réparer ce qui fonctionne mal et ce qui est défectueux.

Avec l'arrivée des technologies numériques dans le domaine de la santé personnelle, se dessine en filigrane une désintermédiation progressive de la médecine traditionnelle où il y a à la fois repositionnement et/ou élimination des intermédiaires jusqu'alors en place. L'individu aurait non seulement accès à une batterie de technologies susceptibles de l'informer en temps réel à propos de son état de santé, mais il deviendrait celui par qui la santé arrive. Pour les spécialistes du domaine, la nutrigénomique fournira à l'individu tout ce qu'il a à savoir en matière de nutrition pour optimiser sa santé en fonction de son propre génome[1] ; la médecine régénérative, fondée sur les thérapies à base de cellules souches — autonomisation ultime de l'individu, l'individu réparé par lui-même —, offrira la possibilité de traiter certaines conditions médicales incapacitantes — infarctus, diabète insulinodépendant, Parkinson, Alzheimer —[2] ; la biologie synthétique étendra ou modifiera le comportement de certains

---

[1] Mutch, D., Wahlit, W., Williamson, G. (2005), « Nutrigenomics and nutrigenetics: the emerging faces of nutrition », in *The FASEB Journal*, vol. 19, p. 1602-1601

[2] Mason, A., Dunhill, P. (2008), « A brief definition of regenerative medicine », in *Future Medicine*, vol. 3, n° 1.

organes et/ou organismes (*biological engineering*) —[3] ; la génomique de type « Do-it-Yourself » permettra de réaliser son propre séquençage génétique[4-5] à un coût dérisoire pour y repérer des mutations potentiellement létales. Ce qui se dégage de ce processus de désintermédiation de la santé, c'est que la vitesse à laquelle l'information est en mesure d'être saisie, traitée et délivrée permettrait une réactivité quasi instantanée. Le mot clé, ici, est bien *réactivité*. En fait, l'individu autonome en matière de santé aurait la capacité d'être réactif, c'est-à-dire de réagir rapidement afin d'éviter une aggravation de sa condition de santé, qu'il soit ou non bien portant. Il est autonome, il est celui par qui la santé arrive.

Au-delà de cette médecine réactive qui se profile, le chantier du corps, depuis quelques années, est engagé dans une toute nouvelle direction. En cette première moitié du XXIe siècle, le corps est encore et toujours, comme au siècle précédent, considéré comme un réservoir de pièces, réparable, perfectible, malléable, transformable ; c'est la réparation sans fin. Un ajout cependant, le corps peut être transcendé. C'est-à-dire que sa condition mortelle peut être contournée, et que la maladie et le vieillissement ne seraient pas inéluctables : « faire marcher les paralysés, redonner la vue aux aveugles, l'ouïe aux sourds, donner vie à une prothèse articulée, faire repousser un membre, comme la salamandre le fait naturellement, sont des souhaits souvent exprimés, parfois des promesses de la médecine[6]. » Comme le souligne Ray Kurzweil :

---

[3] Andrianantoandrol, E., Basul S., Karig, D., Weiss, R. (2006), « Synthetic biology: new engineering rules for an emerging discipline », in *Molecular Systems Biology*, vol. 10, p. 1038.

[4] Au tournant du XXIe siècle, il en coûtait approximativement 1 million de dollars pour obtenir un séquençage génétique, 49 000 $ en 2010, 20 000 $ en 2012, et il en coûte approximativement 300 $ en 2026.

[5] Katsnelson, A. (2010), « DNA sequencing for the masses — The launch of a new technology marks a move towards small-scale sequencing in every lab », in *Nature News Online*.

[6] Sicard, D. (2011), « De la médecine sans corps et sans sujet à l'éthique », in *Aux origines de la médecine*, Paris : Fayard.

> « Alors qu'une partie de mes contemporains pourrait se satisfaire d'accepter de bon gré le vieillissement comme un élément du cycle de la vie, moi je ne suis pas d'accord. C'est peut-être « naturel », mais je ne vois rien de positif dans le fait de perdre mon agilité mentale, mon acuité sensorielle, ma souplesse physique, mon désir sexuel ou d'autres capacités humaines. Je vois la maladie et la mort à tout âge comme une calamité, comme des problèmes qui doivent être dépassés[7]. »

Ici, le rêve transhumaniste né dans quelques milieux du MIT, sous l'impact de l'IA et de la robotique, rêve d'une humanité où le corps « naturel » (porteur de souillures et avilissant) a disparu au profit de cyborgs implantés (puces et implants divers). Avec eux, le corps est parvenu à son point de bascule : le biologique n'est plus, demeure l'électronique et l'information. Le corps cesse donc d'être le signe de la création divine et passe désormais sous le magistère des ingénieurs du corps — biotechnologies, nanotechnologies, neurotechnologies, sciences cognitives, bioinformatique.

Les cellules souches se positionnent dorénavant comme les précurseurs de ces incroyables possibilités médicales, puissant mythe prométhéen qui engage une société dans le rêve d'une finitude enfin reléguée aux oubliettes. Aubrey de Grey, informaticien devenu bioingénieur, quant à lui, suggère que c'est bien « l'accumulation des effets secondaires du métabolisme qui finissent par nous tuer[8-9] », et qu'il faut donc renverser le processus du vieillissement. Ray Kurzweil parle d'une singularité, ce moment hypothétique de l'évolution technologique marquant le dépassement des capacités humaines par l'intelligence artificielle, autre puissant mythe prométhéen où le corps de la singu-

[7] Kurzweil, R., Grossman, T. (2006), *Serons-nous immortels ? Oméga 3, nanotechnologie, clonage...*, Paris : Dunod, coll. Quai des Sciences.
[8] « I define aging as the set of accumulated side effects from metabolism that eventually kills us. »
[9] Than, K. (2005), *Hang in There: The 25-Year Wait for Immortality — Interview with Aubrey de Grey*, Live Science, http://bit.ly/o9oCPE.

larité est un corps version 2.0 affranchi des contraintes biologiques qui le dégradent et le conduisent à sa dégénérescence. Corps glorieux, corps immortel, la convergence technologique est non seulement à l'aune de la fabrication du posthumain, l'homme augmenté, mais aussi à celle de nouvelles normativités. Il ne s'agit plus de comprendre le fonctionnement de la biologie humaine, mais « d'atteindre une nouvelle dimension et capacité d'affecter la biologie humaine[10]. » Mythe d'un Avenir radieux, ce nouvel être humain conduirait à une amélioration sociale, d'où l'idée qu'améliorer la condition corporelle humaine améliore la condition morale — vieux rêve annoncé par Condorcet au XVIIIe siècle : « Garantir l'immortalité du corps et de l'esprit, le transformer, le réécrire, le construire, améliorer l'humain et ses performances intellectuelles et physiques, bâtir une société nouvelle dans un âge d'or de richesse et de paix[11] ». Tel est le programme déjà inscrit en filigrane dans les comportements actuels face à la santé à travers le dépistage, la nutrition et le fitness. Il ne s'agit plus uniquement de transcender ce qui tue le corps, mais de remodeler l'homme, de procéder à de l'ingénierie humaine pour obtenir de chacun des comportements toujours de plus en plus normés. C'est tout le projet transhumaniste.

Ce vaste chantier du corps amorcé il y a plus de six cents ans, à la Renaissance, est sur une lancée technologique sans précédent. Ce qui attend le corps va au-delà de tout ce qui est pour le moment possible d'imaginer. Toutefois, il est plausible d'avancer l'idée que ce chantier sera encore et toujours fédéré sous la contenance de soi et la gouvernance de soi, concepts formulés par la morale puritaine de la Réforme protestante du XVIIe siècle. La quantification de soi à l'aune des technologies numé-

[10] Heller M.J. (2002), « The Nano-Bio Connection and its Implication for Human Performance », Roco and Bainbridge eds, in *WTEC : Converging Technologies for Improving Human Performance.*

[11] Maestruti, M. (2006), « La singularité technologique : un chemin vers le posthumain ? », in *Vivant — L'actualité des sciences et débats sur le vivant*, Paris : Université Paris X.

riques, cette capacité dont dispose désormais l'individu à monitorer sa condition métabolique en temps réel, a de beaux jours devant elle. Ce qui se pointe maintenant à l'horizon c'est la transparence de soi, c'est-à-dire le corps ultimement transparent rendu intégralement visible par toutes les technologies numériques d'imagerie médicale actuellement en développement. Ce faisant, il est envisageable de penser que la contenance de soi et la gouvernance de soi disposeront de deux outils normatifs extrêmement puissants : la quantification de soi et la numérisation de soi. Outils normatifs, dans le sens où cette quantification de soi et cette numérisation de soi renverront de plus en plus en temps réel à l'individu les fourchettes statistiques du corps idéal, performant, optimisé et en santé à atteindre. Outils normatifs, dans le sens où l'accès à ces mêmes outils ne sera pas également réparti, d'où possibilité d'inégalités sociales et d'exclusion sociale.

Certains aspects de la condition humaine — handicap, souffrance, maladie, vieillissement — seraient tout à fait inutiles et indésirables. C'est l'épistémologie transhumaniste. Le transhumanisme, c'est l'Homme 2.0, un programme qui se décline en quatre phases. Dans une première phase, obtenir une espérance de santé optimale jusqu'à un âge avancé, tant sur le plan physique que mental. Dans une deuxième phase, améliorer de façon significative les capacités physiques et mentales. Dans une troisième phase, transcender l'homme en déployant pour lui de nouveaux possibles pour sa nature humaine par l'intermédiaire des biotechnologies, des nanotechnologies, des neurotechnologies et de la bioinformatique. Dans une quatrième phase, dématérialiser, délocaliser, détemporaliser le cerveau en le transférant dans un ordinateur, suite logique de ce que les technologies numériques ont d'inscrit au plus profond d'elles-mêmes : dématérialisation, délocalisation, détemporalisation. Il s'agit de l'ultime aboutissement de l'autonomisation de l'individu annoncé par le Siècle des Lumières. C'est l'ultime aboutissement du projet du philosophe américain transcendantaliste du XIXe siècle, Ralph

Waldo Emerson, qui voulait transformer l'individu en un royaume souverain : « Vous êtes l'expression de cet univers vaste et merveilleux. [...] Faites toutes ces choses avec sincérité et vous vous approcherez de ce que vous êtes vraiment, à savoir : une expression singulière de toute existence. » C'est l'individu comme juge suprême de son monde et de sa propre vie.

Le projet transhumaniste c'est aussi l'homme, par sa volonté, qui exige de *devenir plus*, qui gère désormais sa propre évolution par technologies interposées. Comme le souligne si bien le philosophe français Michel Serres, « le corps perd ». Il perd d'anciennes facultés pour en gagner de nouvelles en les externalisant. La position bipède a fait perdre au corps la position quadrupède pour gagner la main, a fait perdre au corps la bouche comme objet de préhension pour faire de celle-ci un outil du langage. Par le truchement des biotechnologies et des technologies numériques, le corps continue à perdre et le cerveau perd également. Chaque nouvelle technologie numérique externalise d'autant certaines fonctions cognitives pour en gagner de nouvelles. Plus besoin de se souvenir de tout, il suffit d'interroger un moteur de recherche, laissant ainsi le cerveau libre pour établir de nouvelles relations jusque-là inexistantes entre les informations désormais accessibles ; c'est ce que l'on prétend. Le savoir de l'humanité est à la portée de tous, car il a été dématérialisé, délocalisé, détemporalisé.

Je propose donc au lecteur d'analyser comment s'est construit, élaboré et déployé l'un des mythes technoscientifiques les plus éclatants en dehors de celui de l'intelligence artificielle, celui du transhumanisme, c'est-à-dire tout ce courant de recherche scientifique qui considère que la mort est avant tout un problème de « conception » de la nature et comment il est possible d'y surseoir. Ce que je propose également au lecteur, c'est une aventure du corps, celle d'une histoire sans fin qui veut faire du corps autre chose que ce qu'il est. D'ailleurs, depuis fort longtemps, le corps a été le lieu de toutes les rencontres. Porteur d'une multitude d'identités sociales, il a aussi été une fascinante entreprise de normalisation et de transformation depuis l'Antiquité. Il importe donc d'explorer l'inscription sociale du corps à travers les époques pour mieux en comprendre ses attitudes, ses comportements, ses gestes, ses postures et les interventions à déployer sur celui-ci pour le régulariser et le normaliser, le rendre conforme à certaines attentes, surtout l'amener à un certain idéal de corporéité élaboré au cours des XVe et XVIe siècles, et décrypter pourquoi il est, depuis le tournant du second millénaire, cet objet qui doit à tout prix être réparé.

Quand le corps se révèle

Spinoza nous a fait savoir que nul ne sait ce dont est capable le corps. Avec Schopenhauer, nous sommes devenus ce corps sentant, agissant, voulant, cette énergie qui se déploie dans le monde, objet immédiat, celui de la volonté, celui du vouloir-vivre, celui du maintenir — conserver la vie, développer la vie, prolonger la vie, lutter pour la vie — qui affirme la nécessaire conservation de son propre corps. Nietzsche, pour sa part, n'a cessé de nous dire qu'il était possible de dépasser le corps, de *devenir plus*, de devenir ce surhumain, car telle serait la volonté de puissance qui nous anime tous. Il y aurait là non pas un corps à transformer et à métamorphoser comme le disent certains, mais bel et bien un corps à transcender.

Si, avant Schopenhauer, il y avait le « sujet connaissant », après Schopenhauer il y a eu le « sujet voulant » : « l'être n'est rien d'autre que volonté aveugle, quelque chose de vital et d'opaque qui ne renvoie à rien de visé, à rien de voulu. Son sens réside dans le fait qu'il n'a pas de sens, mais que, simplement, il est. » Et cette volonté, à la base de tout phénomène, « n'est pas l'esprit qui se réalise, c'est une poussée aveugle » qui, en récusant l'idéalisme et le matérialisme, comme le souligne Schopenhauer, réussit le coup de maître de penser le corps comme une immanence radicale. De là, le corps est devenu la tâche principale de notre existence. Cette tâche est aussi une tâche interminable, un projet de transformation jamais achevée. Chacun devient son corps. Chacun choisit son corps. Chaque corps est une œuvre à construire. La convergence des **n**anotechnologies, des **b**iotechnologies, de l'**i**ntelligence artificielle et des sciences **co**gnitives (NBIC) est médiatrice de cette œuvre à construire.

Le corps aryen, imaginé par une idéologie totalitaire, le nazisme, le corps parfait, n'est jamais vraiment sorti de notre imaginaire collectif. Il s'est tout simplement dilué, au quotidien, dans le sport, l'alimentation, la médecine, la pharmacologie et la chirurgie. Notre existence même est à l'aune d'une réingénierie soutenue par une certaine connaissance scientifique. Le corps est le matériau du soi, une quête interminable d'amélioration, une limite jamais atteinte, puisque celui-ci peut se détraquer à tout moment, d'où l'obligation à la remise en forme constante et à une ascèse à la saine alimentation. Mais ce salut par le corps ne surviendra pas, parce que le corps rencontrera forcément une limite, celle de sa fin. Ce faisant, le corps relève désormais de l'activisme, une attitude prônant le recours à l'action directe, une morale fondée sur l'action et le pragmatisme.

Qu'on le veuille ou non, tout le chantier d'ingénierie du corps se cale dans la logique du matérialisme, ce matérialisme de la Grèce antique où la matière construit toute réalité. Et le corps est bien cette réalité. Le corps est bien cette matière incarnée par l'atome qui se suffit à elle-même. À l'ère des biotechnologies et de la bioinformatique, tout devient une simple manipulation d'atomes, de molécules et d'informations. Sans matière, pas d'information, sans information, pas de réingénierie du corps, d'où une réingénierie du corps qui s'est imposée, parce que s'est imposée, au fil des siècles, cette idée récurrente qu'il fallait transformer le corps, qu'il fallait en revisiter ses limites, qu'il fallait sans cesse remettre en question sa nature même.

Cette réingénierie du corps impose une réflexion. Non pas cette réflexion de savoir si le corps doit être ou non objet de réingénierie, non pas cette réflexion théologique de savoir si l'homme se substitue à Dieu, mais bien cette réflexion philosophique et sociologique qui porte un regard objectif sur une démarche qui non seulement est en cours, mais qui est surtout inéluctable. La réingénierie du corps est en ce sens imparable, pour la simple raison qu'elle se cale dans une logique du *devenir plus*. Ne pas reconnaître cette prémisse, ne pas accepter qu'il y a cette poussée aveugle qui repousse constamment les limites de tout ce qui existe, c'est ne pas vraiment saisir le devenir de l'homme.

Si la sagesse antique a bel et bien reconnu que le corps est souffrance, qu'il est voué à la mort, que son destin est scellé, elle y a cependant opposé des solutions qu'elle a encadrées dans un système d'explications rationnelles. Les épicuriens, les stoïciens, les cyniques y ont pourvu. Ils nous ont dit qu'il était possible de travailler sur soi-même, de se transformer, de devenir meilleur en quelque sorte. Bref, ils nous ont enseigné, à 2 500 ans de distance, qu'il ne fallait pas se contenter d'être le jouet des déterminismes génétiques, sociaux, politiques et économiques, mais d'être le propre créateur de soi. Il faudrait sans cesse revendiquer cette liberté intérieure qui permet de contrer les assauts de la souffrance, de la maladie et de la mort. Sénèque ne dira-t-il pas à Lucilius : « La mort se présente à toi : elle serait à craindre si elle pouvait être avec toi : nécessairement soit elle ne t'atteint pas, soit elle passe[12]. » L'injonction de Sénèque est forte. Elle appelle à dépasser le corps, à franchir le Rubicon de la mort. Certes, Sénèque n'a jamais eu l'intention de vaincre la mort en modifiant le corps, mais bien de la vaincre en modifiant notre attitude envers celle-ci.

Sénèque, n'ayant aucun accès aux biotechnologies, ne pouvait vouloir vaincre la mort que dans la mesure des moyens de l'époque ; il ne pouvait suggérer que de changer notre attitude envers celle-ci. Quant à nous, nous avons accès à des technologies prométhéennes. Nous avons décidé de vaincre la mort, le dépérissement du corps, la maladie et la souffrance. Le corps est désormais un objet qu'il est possible de fabriquer méthodiquement. Pourquoi ne pas le faire ? Pourquoi s'en tenir au seul fait de changer d'attitude envers la mort ?

Avant l'arrivée de la médecine scientifique, et à plus forte raison avant l'arrivée des technologies médicales numériques ca-

[12] Sénèque, *Lettres à Lucilius*, Lettre n° 4.

pables de réduire le corps à sa plus simple information génétique, la connaissance antique présumait que le sujet devait se transformer dans son être pour appréhender la vérité et être apte à la connaissance. Le souci de soi que Platon résumait sous la formule « Si tu veux connaître le gouvernement des hommes [...] commence par te soucier de toi-même, commence par t'occuper de toi », prescrivait à l'individu non pas de se connaître, mais de s'occuper de soi-même à travers le thérapeutique voué à une pratique du culte de l'être qui soigne l'âme. Épicure, pour sa part, suggérait d'être le thérapeute de soi-même pour véritablement accéder à la connaissance de la vérité. En fait, dans l'Antiquité, la connaissance de soi était subordonnée au souci de soi, l'idée centrale étant que l'individu se préoccupe de lui-même, c'est-à-dire qu'il juge par lui-même des choses, et partant de là, qu'il acquière les connaissances voulues pour agir. Pour certains observateurs, l'arrivée de la médecine technoscientifique aurait bouleversé cette approche : « Dès lors, qu'un savoir est scientifiquement exact, on peut le transvaser, le déplacer d'un lieu à l'autre, sans requérir pour autant que celui qui le reçoit se révèle apte à l'accueillir[13]. » Ici, la connaissance de soi subsumerait et subordonnerait le souci de soi.

L'individu, devenu patient, pris en charge par le système de santé dans un quelconque établissement hospitalier, dans lequel est transvasé un savoir scientifique, ne serait plus dans un mode thérapeutique, mais dans un mode où il importe peu de savoir si le patient sait à quoi il peut s'attendre comme traitement, la médecine technoscientifique ayant décrété, en se fondant sur les essais cliniques, que le traitement proposé fonctionnera et que le patient ne s'en portera que mieux, nonobstant ce qu'il peut en penser. C'est là que se concentre tout le discours d'une médecine déshumanisante qui ne s'occuperait que d'organes déréglés. L'IA se propose de changer cette donne.

---

[13] Gori, R. Del Vogo, M.J. (2005), *La santé totalitaire — Essai sur la médicalisation de l'existence*, coll. Champs Essais, Paris : Flammarion, p 62.

Les données médicales massives ou datamasse médicale (Big Data)

Le corps n'échappe pas à cette logique déferlante d'être une donnée. La santé ne peut être en reste. Il y a ici des promesses délirantes. Les données médicales massives auront un impact important sur chacun d'entre nous, malade ou en santé : ce sont des avancées spectaculaires dans le diagnostic et le traitement de certaines maladies ; c'est la possibilité d'éviter le traumatisme de l'attente d'une mammographie ou celui d'une chirurgie de la prostate. Armé d'un bistouri numérique dopé à l'IA, le médecin découpera cette masse colossale de données de tous les cas de cancer du sein ou de la prostate, cible avec grande précision la démarche à suivre, évite au patient l'angoisse de l'attente du résultat, évacue avec efficacité le *patheï mathos*, ce passage de l'épreuve de la souffrance, la gravité d'avoir à vivre comme être humain, car la maladie du malade n'est pas son organe malade, mais sa connaissance tragique du non-sens de la souffrance. Ces avancées ne sont pas innocentes.

L'addition d'informations génétiques démultipliera et magnifiera de plusieurs degrés les données médicales massives. C'est la possible promesse de maintenir définitivement les gens en santé. La génomique se veut cette promesse : mettre à nu le mode de transmission de certains traits génétiques, décortiquer la mécanique des gènes pour prévenir ou traiter certaines maladies. Le séquençage des gènes, leur cartographie et leur analyse engendreront des montagnes de données qui, combinées à d'autres informations cliniques, permettront d'établir une image détaillée du risque de maladie et de son traitement le plus efficace. C'est la numérisation de soi. C'est le corps ultimement transparent.

Armée de ces données médicales massives, la santé publique pourra agir de façon très ciblée sur certaines populations en fonction du milieu de vie, de la localisation géographique, de l'ethnicité, de l'âge, du genre, du revenu, du niveau de scolarisation. C'est la possibilité de développer des applications qui agrègent données médicales et sociales. C'est la conjecture idéale pour produire des cartes de facteurs de risque que les gens pourront télécharger sur leurs appareils mobiles. C'est aussi l'éventualité de stigmatiser des populations. Les données médicales massives, combinées à des données sociographiques massives, deviendront ainsi profils d'individus et profils de populations.

L'hôpital, milieu hautement générateur de données de toutes sortes — admission, hôtellerie, repas, soins infirmiers, diagnostics, imagerie médicale, tests de dépistage, soins de transition, physiothérapie, soins à domicile — est à la jonction des soins de santé et de l'ère au tout numérique. Ces données médicales massives ouvriront de toutes nouvelles perspectives. C'est l'information partagée par niveaux d'autorisation, des portails en quelque sorte, où le patient, la famille immédiate, le médecin traitant, spécialistes de la santé et autres intervenants sociaux partagent une vision à la fois globale et détaillée de l'état de santé du malade. Ces portails médicaux alimenteront en retour la masse globale des données médicales. Il est fort possible que les barrières empêchant actuellement le partage des informations médicales d'un patient tombent, alors qu'administrateurs d'hôpitaux, médecins, cliniciens et chercheurs voudront de plus en plus avoir un accès universel à celles-ci. Ce sont là des informations non plus confinées au seul établissement qui les a générées, mais fondues dans la masse de tous les établissements hospitaliers.

Il se pourrait bien que l'impact indirect de ces données médicales massives globales résulte en une réduction drastique des soins de santé, augmente de plusieurs degrés le niveau de transparence du corps et contribue également à offrir au patient une médecine moins déshumanisante, moins froide, plus empathique, à l'inverse d'une médecine de plus en plus spécialisée, technicienne et déshumanisée, qui traite d'organes déréglés et d'affections neurophysiologiquement localisées, une médecine qui affiche du mépris envers la douleur et la souffrance du patient, d'où une contrepartie qui s'exprimerait, depuis les vingt dernières années, dans des pratiques alternatives tenant compte de l'individu dans son ensemble. C'est peut-être le moment d'une médecine holistique. Tout ça n'est évidemment que pure spéculation, mais il faut cependant s'en préoccuper, car les données médicales massives, elles, ne sont pas une spéculation, mais une réalité qui, chaque jour, est alimentée par des téraoctets d'informations. Et ce seul fait mérite qu'on leur prête une attention toute particulière.

Il y a fort à parier que tous les patients de ce monde ne désirent qu'une seule chose : un accès facile et rapide à un spécialiste de la santé et la possibilité de prendre rendez-vous pour une consultation. Une fois réglé le problème de l'accès à un spécialiste de la santé, il faut régler celui de tâches plus administratives et répétitives, par exemple, la simple question du renouvellement des prescriptions. Que l'on vive aux États-Unis ou au Canada, en France ou en Allemagne, à Singapour ou à New Delhi, toute solution informatisée, quelle qu'elle soit, si elle ne réussit pas à combler cette simple attente, est vouée à une désaffection à plus ou moins brève échéance, pour la simple raison que le patient cherche tout d'abord à soulager son angoisse existentielle face à sa condition de santé. Une fois que cette angoisse existentielle aura été contenue chez chaque individu, il sera dès lors possible d'ouvrir les vannes de l'imagination débordante des informaticiens, des ingénieurs, des bioinformaticiens, des généticiens, de la Santé publique et des investisseurs pour conduire à ce que le corps de chacun devienne le plus transparent possible pour le corps hospitalier, l'État et l'entreprise privée.

Le corps transparent

Certains évangélistes de la médecine au tout numérique se plaignent que les gens sont très lents à adopter leurs merveilles technologiques. Et si cette désaffection n'avait rien à voir avec la technologie proposée, mais tout à voir avec des services déjà existants qui ne rencontrent pas les besoins de base des patients ? Malgré tout, même si les besoins de base ne sont pas pleinement satisfaits, le rouleau compresseur de l'innovation technologique avance inexorablement. Les technologies numériques ont besoin du corps transparent et elles l'auront. Et si cette désaffection actuelle pour les technologies mobiles dédiées à la santé n'était que momentanée, parce que les technologies pour rendre le corps totalement transparent n'ont pas totalement investi la pratique médicale ? Et si cette désaffection avait tout à voir avec le passage d'un changement de paradigme à un autre ?

Le corps transparent, c'est le corps obligé des technologies numériques. C'est la source même de la datamasse. Sans transparence, pas de datamasse médicale. Mythes et réalités se jouxtent dans ce nouvel univers. C'est la constante confrontation entre les désirs réels des patients et les désirs d'innovations technologiques des géants de la Silicon Valley. Tous participent à une dynamique non planifiée. Tous sont à mettre en place la médecine fondée sur la datamasse.

Quel est ce corps transparent ? À l'aune de la datamasse, trois critères objectivent le corps : que fait-il ? où est-il ? quelle est sa condition ? Autrement dit, un corps en activité se localise dans un milieu donné dans une condition métabolique donnée. L'activité du corps, c'est son historique d'activité — emploi, déplacements, loisirs, sommeil, pratiques alimentaires, exercices. La localisation du corps renvoie à son milieu socioéconomique — milieu de vie, niveau de revenu, niveau de scolarité. L'état métabolique du corps renvoie à l'ensemble des réactions chimiques qui se déroulent au sein du corps pour le maintenir en vie — ces réactions chimiques sont non seulement mesurables, mais permettent aussi d'identifier les organes susceptibles de modifier l'équilibre chimique optimal du corps.

Le corps transparent c'est donc le corps mesuré, jaugé, chiffré dans tous ses aspects et fonctions. C'est le corps rendu visible par l'ensemble des technologies d'imagerie médicale. C'est la transparence de l'enveloppe matérielle. C'est voir le corps au-delà du corps qui fait écran. Le corps rendu transparent par l'imagerie fonctionnelle parle, s'exprime, rend visible l'invisible. Seuls quelques spécialistes comprennent ce langage, cette grammaire, cette syntaxe du corps. N'interprète pas qui veut l'organe devenu visible. Celui qui interprète, à l'instar de l'Oracle, révèle l'invisible, l'inconnu, le caché. Mais voilà, le Big Data se propose d'éliminer en partie cet intermédiaire, cet Oracle, en donnant la possibilité à chacun d'entre nous d'avoir accès aux données du corps de façon non invasive.

Le corps transparent c'est aussi le génome décrypté. C'est le gène soupçonné d'une quelconque défectuosité. C'est le gène qui nous apprend beaucoup sur nous-mêmes, surtout sur le fait que, pour le moment, cette connaissance est d'une sidérante inutilité, car les thérapies géniques sont pratiquement inexistantes. Mais elles viendront ces thérapies géniques. Identifier le problème et le solutionner a toujours été au cœur même de la pratique médicale. Il ne s'agit ici que d'un ordre de grandeur différent, sans plus. D'où l'idée que ces thérapies verront inéluctablement le jour. Volonté de puissance.

Le corps transparent c'est l'activité du cerveau en temps réel enfin visible. Ce qui nous constitue au plus profond de nous-mêmes, ce support de notre conscience, ce support de nos secrets les plus intimes, ce support de nos rêves, ce support de nos pulsions et de nos ambitions est sur le point de se révéler. Certains disent qu'il est impossible, en analysant les neurones de « voir » la conscience, tout comme l'encre au bout du crayon ne permet pas de « voir » l'œuvre dans son intégralité. Ils ont tort, pour la simple raison que nous ne disposons pas encore pour le moment d'une Théorie du cerveau. Avant Copernic, avant Newton, avant Einstein, avant Stephen Hawking, personne n'avait une théorie de l'univers solide et fiable. Du moment que nous disposerons d'une théorie solide et fiable à propos du cerveau, peut-être verrons-nous la conscience. Peut-être l'expliquerons-nous. Qui sait ? Une chose est certaine, constamment animée de cette volonté de puissance qui anime l'espèce à se dépasser : il ne s'agit que d'une question de temps.

Le cerveau transparent, c'est le cerveau en action qui agit, pense, perçoit, sent, ressent, désire, veut. Le cerveau est un indicible qui se veut désormais dicible par technologies interposées. C'est le cerveau désormais lisible, déchiffrable, figurable, objectivable. Ce n'est ni banal ni trivial. C'est le franchissement d'une importante frontière, sinon l'ultime opacité d'un mur qui semblait jusqu'alors impénétrable.

Le corps transparent, c'est aussi rendre visible la marque du temps, ses effets, ses ravages. C'est une lecture dans une temporalité. C'est forer dans le corps pour en révéler la sédimentation, un peu comme les climatologues forent la glace pour en retirer des carottes sédimentaires. Lire le temps dans le corps, c'est se donner des outils pour mettre en lumière ce qui le subjugue, le contraint, le rend malade, le fait vieillir. C'est accéder à la mémoire de l'usage du corps. Toutes ces données sont disponibles, depuis toujours, dans le corps. Faute de moyens pour y accéder, le corps demeurait opaque, nous privant par le fait même d'interpréter les empreintes du temps, ces traces pourtant éloquentes, mais si profondément enfouies dans les multiples replis des organes, des molécules et des gènes. Aujourd'hui, on se donne les moyens technologiques et techniques pour faire ces forages. Et nous le ferons… Volonté de puissance.

Une fois révélée la mémoire de l'usage dans le corps d'un individu, il est possible de révéler une mémoire de la construction du corps de tous les corps. C'est la loi des grands nombres qui joue ici. Variable dans ses expressions, le corps est unique dans son essence. Il existe un corps qui est comme une représentation de tous les corps. C'est le Graal du Big Data : révéler la mémoire de la construction du corps, révéler le temps de l'Homme depuis qu'il existe et reprendre le contrôle de son évolution. Abandonné pendant des millions d'années au seul bon vouloir des lois de l'évolution, il semble désormais temps d'infléchir le cours de son évolution. Il est là l'enjeu de la datamasse médicale et de tout le courant transhumaniste ou posthumaniste. Par la transparence, le corps transcendé advient.

Le corps transparent ce n'est pas seulement de l'information, mais surtout une connaissance qui doit être extraite de cette même information. Et cette connaissance possède son propre alphabet : A, C, G, T. Un alphabet rudimentaire au potentiel infini, celui de l'ADN. C'est l'alphabet de l'infiniment petit situé au-delà du visible. C'est la mémoire de l'espèce, d'où l'espoir de faire parler cette mémoire, d'en comprendre toute la syntaxe, d'en décrypter les moindres ramifications, d'où l'espoir que la carte du génome humain puisse révéler comment agir sur le gène pour corriger les défauts déjà installés, ou prévenir ceux qui auraient l'idée saugrenue de s'installer.

Le corps transparent c'est aussi la mise en lumière de ce qui était autrefois opaque. C'est le corps transpercé sans douleur, de façon non invasive, par des rayons X, des ondes magnétiques, des ultrasons. Le corps se révèle, présente non pas une explication de son fonctionnement soudainement retrouvé autour de cette révélation, mais en démultiplie les possibilités d'interprétation. On doit apprendre à lire le corps transparent. Les technologies actuellement en développement le feront automatiquement sous peu pour les spécialistes et celles-ci seront par la suite versées dans le grand public à travers une multitude d'applications. C'est dans la logique des technologies numériques de procéder à une désintermédiation systématique de tout ce qu'elles touchent. La désintermédiation c'est la capacité d'une technologie numérique (i) à abaisser les coûts de production d'un produit avoisinant le zéro ; (ii) à rendre quasi obsolètes les technologies servant à fabriquer ce même produit ; (iii) à éliminer les intermédiaires ; (iv) à remettre entre les mains du plus grand nombre les technologies de production du produit.

Le corps transparent, c'est aussi la promesse de rendre visible ce qui était invisible. Promettre, c'est aussi détenir le pouvoir de réaliser, de rendre réelle une chose possible. La promesse ouvre la voie, par la voix de celui qui promet, à quelque chose de meilleur. L'imagerie médicale est dans cette logique. Elle promet constamment. Elle promet de transformer ce qui est vu en une cible sur laquelle il est possible d'agir, comme identifier le gène spécifique d'une fonction biologique particulière. La génétique n'est pas encore là, ni la génomique par ailleurs. Ce n'est qu'une question de temps. Comment, par quel chemin la science y arrivera-t-elle ? En fait, la question n'est pas pertinente, puisque nul ne sait comment ce processus s'effectuera. En revanche, une chose est certaine, la solution adviendra. Étant donné que le corps est une marchandise à exploiter, nul doute que les capital-risqueurs sauront flairer la bonne affaire.

Le corps transparent révèle aussi le statut social de l'individu. Le corps transparent du nanti n'est pas le corps transparent du démuni. Le corps transparent est aussi une sociologie du corps. L'intérieur du corps d'un nanti révèle son statut social, n'affiche pas les stigmates du manque de ressources financières, affiche plutôt l'accès à une saine alimentation consommée dans un milieu de vie contrôlé, plus hygiénique en quelque sorte, affiche l'absence de certaines maladies liées aux carences alimentaires et affronts quotidiens de la vie. Le gène défectueux identifié révèle ici ses limites, influencé qu'il est par son environnement. Tel gène, immergé dans deux environnements socioéconomiques différents, ne s'exprime pas de la même façon. C'est l'épigénétique qui entre alors en ligne de compte pour expliquer certains dérèglements du corps. Le corps transparent n'est pas seulement le corps rendu visible par l'imagerie médicale, mais également rendu transparent par son statut socioéconomique. Il faut pouvoir rendre transparente l'inscription sociale du corps, obtenir une vision holistique du corps. C'est ici qu'intervient l'industrie du Big Data, à savoir mettre en lumière le vécu social de l'individu. La tâche est colossale. C'est tout le dialogue de l'intérieur du corps avec son environnement — l'épigénétique. C'est l'architecture même du corps qui se révèle ici, sa morphologie, les matériaux qui le constituent, sa structure. Tout ceci est quantifiable et numérisable pour un éventuel traitement informatique, c'est-à-dire un corps réécrit sous forme binaire pour le rendre à la fois plus visible, plus lisible et plus dicible. Car le corps peut se dire en juxtaposant les différents alphabets qui le composent — génétique, moléculaire, biochimique, biologique.

Tout au cours de l'histoire humaine, la morphologie de l'individu a rassemblé les individus, les a soudés en groupes, a constitué des ethnies. Cette vision ethnique de l'humanité a été la porte toute grande ouverte à la stigmatisation, à l'exclusion, à la ségrégation. Le corps transparent, c'est la nouvelle porte ouverte à la stigmatisation, l'exclusion et la ségrégation. Déjà, le facteur de risque, par l'entremise des tests de dépistage, révèle à l'individu ce qui peut le rendre malade, l'atteindre dans quelques mois ou quelques années. Le diagnostic préclinique identifie ainsi des individus vulnérables aux compagnies d'assurance et à la puissante industrie pharmaceutique, entre autres. Transformer un individu en patient ou en malade potentiel, c'est l'exclure avant même que le caractère qui le prédispose ne soit visible. C'est l'exclusion en aval. C'est une exclusion perverse et insidieuse. Du moment que l'imagerie fonctionnelle cérébrale sera réalité, c'est-à-dire, capable de rendre compte de l'état neuronal du cerveau et de sa plasticité potentielle ou non, l'exclusion en aval sera démultipliée. Tous ne seront pas égaux devant le cerveau transparent, loin de là.

Il se pourrait bien que le corps transparent, tout comme les essais cliniques qui situent dans une fourchette statistique donnée l'état du corps, situent socialement l'individu dans une fourchette statistique donnée — une affirmation indiscutable —, une normalité en quelque sorte, modélisée et fondée sur une vérité scientifique absolue. Le corps transparent contribuerait ainsi à réduire toute la complexité de l'homme à une simple comparaison numérique avec tous les autres corps devenus ainsi transparents. La normalité du corps transparent est désormais à l'aune de ce qu'est le facteur de risque, c'est-à-dire une normalité numérique, modélisée, statistique et convenue. Les dérives d'exclusion sociale du XIXe siècle frappent aujourd'hui à la porte.

Le corps transparent, c'est peut-être aussi la venue de nouvelles formes de normalisation. Qui sait ? À l'inverse, le corps transparent est peut-être le tremplin offert par l'imagerie médicale pour enfin avoir la possibilité effective de le reconfigurer. En fait, numériser le corps, le rendre transparent, c'est offrir à l'individu une image interne de lui-même, le confronter à une subtile discrimination, à une insidieuse exclusion, et en même temps, le convier à une certaine représentation de soi non relationnelle. Mais ce n'est qu'une question de temps avant que les applications embarquées dans les téléphones intelligents, ou tout autres dispositifs, engagent un dialogue avec l'individu, lui fournissant tout ce qu'il a à savoir à propos de sa propre condition. C'est l'une des autres étonnantes propriétés des technologies numériques, leur nature relationnelle, le dialogue qu'elles sont en mesure d'entretenir avec l'individu. Il se pourrait fort bien que l'individu ne soit plus seul dans son colloque avec l'iconographie de son intérieur. Peut-être bien que l'exclusion, la stigmatisation et la ségrégation générées par le corps transparent ne seront qu'un état transitoire en attendant que logiciels ou applications embarquées « parlent » à l'individu à propos de son propre corps.

Si le corps transparent révèle le statut socioéconomique de son propriétaire, il en révèle également les attitudes, les habitudes et les comportements. Il révèle si l'individu se gouverne lui-même, s'il prend soin ou non de son corps. Le gouvernement du corps serait constitutif du corps transparent. En ce sens, le gouvernement de soi est une notion intéressante à plus d'un égard, puisqu'elle définit socialement le corps.

Si, pour Michel Foucault, le gouvernement de soi représente la première articulation entre gouvernement de soi et gouvernement des autres — capacité des hommes à sortir de l'assujettissement, à se conduire eux-mêmes et à se donner la constitution qu'ils veulent —considérons qu'il s'agit de l'ensemble des attitudes, comportements et normes régissant la représentation du corps et son inscription sociale. Ce gouvernement de soi s'articule autour de deux concepts clés : la contenance de soi et la gouvernance de soi. La quantification de soi et la numérisation de soi renvoient à des techniques au service de la contenance de soi et de la gouvernance de soi.

Avec l'arrivée des technologies mobiles, la quantification de soi accède à un niveau de précision inédit. Il est désormais possible, pour chaque individu, de connaître sa condition métabolique générale. À partir de ces données, il devient possible de « programmer » des exercices et des façons de s'alimenter situées dans certaines fourchettes statistiques afin d'optimiser sa santé. Autrement, avec l'avancée systématique des technologies liées au Big Data (datamasse médicale), il sera non seulement possible que l'individu puisse disposer de connaissances poussées à propos de son propre corps, mais qu'il puisse également disposer des savoirs requis pour le maintenir en santé et en prolonger sa vie en éliminant l'ensemble des facteurs susceptibles de le perturber et en optimisant ceux susceptibles de lui conserver sa santé, sa force et sa vigueur. En somme, la quantification de soi est une technique au service de la contenance de soi et de la gouvernance de soi. Autrement dit, elle permet de jauger le corps afin de mieux le contenir et de mieux le gouverner dans un contexte social donné.

Tout comme la quantification de soi, la numérisation de soi est une technique au service de la contenance de soi et de la gouvernance de soi. Elle permet non seulement d'évaluer l'état du corps avec grande précision, mais de le rendre totalement transparent à l'investigation, afin d'agir directement sur lui de l'intérieur avec une acuité inédite — c'est tout le projet du transhumanisme. Le corps transparent est ce corps qui, avec la montée des biotechnologies, des nanotechnologies, de la bioinformatique et de l'intelligence artificielle, se révèle dans son intégralité pour mieux le contenir et mieux le gouverner.

Une chose est certaine, le corps est une plateforme ouverte, plateforme dans le sens où les transhumanistes l'entendent, c'est-à-dire un substrat sur lequel expérimenter, un substrat sur lequel il est possible de bâtir autre chose. Comment cela sera-t-il possible ? Le « cela » n'a aucune importance, l'idée étant qu'ils y parviendront, pour la simple raison que le *devenir plus* est au cœur même de la logique de la volonté de puissance qui anime les transhumanistes et qui nous anime tous.

Une seule porte de sortie donc, le corps immortel. Et les ingénieurs de la mouvance transhumaniste ont bien l'intention d'y parvenir. Reste maintenant à savoir comment ce discours s'est structuré pour nous amener à adhérer aux promesses qu'il propose.

Le corps conçu comme facteur de risques

Deux idées structurantes à propos du corps traversent les XXe et XXIe siècles. Premièrement, la notion voulant que la nature constitue une limite absolue est sur son déclin, car le corps, conçu comme un projet, ouvre dorénavant des possibilités inédites, puisqu'il est possible de le transformer et de le modifier. Retravailler le corps et le refaçonner n'est plus simplement une question de savoir s'il est possible ou non de le faire, mais bien une question identitaire et de choix personnel. Deuxièmement, si le corps est à ce point le porteur d'une identité sociale, si le corps est à ce point une plateforme sur laquelle s'érige la personnalité, il s'ensuit forcément que le moindre dérèglement potentiel doit être traqué et mis hors d'état de nuire le plus tôt possible. De là, le corps est aussi devenu un vecteur de menaces et d'incertitudes : il vaut donc mieux prévenir que guérir. Conséquemment, c'est aussi un horizon de la peur de plus en en plus rapproché qu'offre le corps, la peur de la maladie et de la défaillance, la peur de ne plus être ce corps qui permet la sculpture de soi.

Au début des années 1970, les féministes lancent un cri de ralliement : « *Notre corps nous appartient !* ». « C'est d'abord un cri qui est venu, et le corps avec ce cri : le corps si durement brimé par la société des années 1960, si violemment refoulé [...][14] ». C'est le droit des femmes à disposer de leur corps, de s'en prendre aux discours médicaux con-

[14] Fouque, A. (1990), *Femmes en mouvements : hier, aujourd'hui, demain*, « Le débat », n° 59, mars-avril, p. 126.

cernant leur ventre, leur utérus, leurs seins et leurs accouchements. La révolte pour la conquête du corps est lancée. D'un corps sur lequel la femme n'avait aucune prise, d'un corps donné comme tel une fois pour toutes, le corps est devenu un projet, une affaire directement liée à la volonté de la femme.

Comme l'a bien souligné le sociologue britannique Anthony Giddens, « nous sommes devenus responsables du design de nos propres corps[15]. » Le corps n'est plus conçu comme une essence, et le corps vieillissant, mis de côté au profit du corps renouvelé, est particulièrement éclairant à cet égard. L'ordre naturel des choses veut que le corps vieillisse, que les chairs s'affaissent, que les réflexes perdent de leur acuité, que la peau flétrisse, que la mobilité se réduise. Il s'agirait là d'une condition imposée par la nature et fort peu enviable pour les gens qui tiennent à être performants, beaux et en santé. La logique, qui s'impose dès lors à celui ou celle qui refuse ce qu'impose la nature, est de redonner sa pleine et entière fonctionnalité aux parties du corps qui ont perdu en partie leur capacité à exercer leur fonction de séduction. Les yeux, le cou, la chevelure, les mains, les seins, les fesses, les hanches, les jambes forment ainsi un tout cohérent dont le but, dans notre société moderne, est de séduire. Séduire n'est plus seulement un moyen, mais une fin. Chaque partie du corps passée sous le bistouri du chirurgien est le gage d'une séduction retrouvée. La fonctionnalité du corps est à tous les niveaux de la société. Elle est même à inscrire dans la chair. Ce n'est pas à une simple restructuration du corps à laquelle les corps sont confrontés par chirurgie plastique interposée, mais à une reconfiguration systématique du moi qui se perçoit avant tout comme un corps. Conséquemment, le corps est devenu un cumul de fragments de fonctionnalités retrouvées pour séduire. Ne plus se cacher, ne plus avoir honte de son corps, afficher les attributs de la jeunesse, voilà la formule en filigrane derrière toutes les publicités et tous

[15] Giddens, A. (1991), *Modernity and Self Identity : Self and Society in the Late Modern Age*, Cambridge : Polity Press.

les articles des magazines. Et la personne qui refaçonne certaines parties de son corps accomplirait ainsi le travail attendu pour sa reconnaissance en société.

Les frontières entre culture et nature ce sont en quelque sorte évaporé avec le XXe siècle, alors que le corps devient de plus en plus flexible. Dans une société orientée vers la performance, « la flexibilité est désirable, tant pour la personnalité, que le corps, que l'entreprise ou l'organisation[16]. » Le corps est devenu flexible, un accessoire, « une chose à sculpter, à transformer, à styliser[17]. » De fait biologique donné, « le corps est devenu un projet[18] » et une performance[19]. La culture occidentale contemporaine est marquée par une quête de la corporéité fondée sur l'idée que l'extérieur et l'intérieur du corps se prêtent à une reconstruction et une réincorporation : « Le corps est de moins en moins un donné extrinsèque fonctionnant en dehors des systèmes référentiels de la modernité, et devient ce par quoi il se mobilise lui-même[20]. » Ces affirmations et ces prises de position, par rapport au corps suggèrent que l'idée d'un corps fixe et inflexible versus un corps flexible et performant, ont des ancrages empiriques et des points de référence dans la culture populaire et les nouvelles technologies qui mesurent, visualisent et traitent le corps renforcent cette idée.

La notion voulant que la nature constitue une limite absolue est sur son déclin. Le corps, conçu comme un projet, ouvre dorénavant des possibilités inédites, puisqu'il est possible de le transformer et de le modifier. Retravailler le corps et le refaçonner n'est plus simplement une question de savoir s'il est possible ou non de le faire, mais bien une question identitaire et de choix

---

[16] Martin, E. (1994), *Flexible Bodies*, Boston : Beacon Press, p. xvii.
[17] Featherstone, M. (1991), « The body in consumer culture », *The Body : Social Process and Cultural Theory*, London : Sage.
[18] Giddens, A. (1991), *op. cit.*
[19] Goffman, E. (1971), *The Presentation of Self in Everyday Life*, Harmondsworth : Penguin.
[20] Giddens, A. (1991), *op. cit.*, p .7-8.

personnel. Refaçonner le corps par l'entremise de diètes, d'activités physiques et de chirurgie esthétique est peut-être non seulement le témoignage éloquent d'une démarche d'esthétisation du corps au jour le jour[21-22], mais peut-être aussi une démarche narcissique propre à la culture contemporaine[23] — faut-il ici préciser que le narcissisme est une notion souvent évoquée et convoquée pour parler des comportements de l'individu de cette seconde décennie du XXIe siècle, d'où ma réticence à utiliser celle-ci.

Au cours des années 1970 et 1980, la montée de la remise en forme, du workout, du culturisme, du jogging, de l'activité physique en général, des activités de plein air et des régimes a lancé une nouvelle dynamique qui a trouvé son accomplissement et sa finalité dans le corps et surtout dans le quotidien du corps. C'est un appel à maintenir le corps dans une condition optimale constante. C'est aussi un appel au corps vertueux. Le consommateur a désormais la possibilité, dans son combat contre un corps qui cherche constamment à s'affaisser, de puiser dans une vaste gamme de produits et de services. Ce sont des livres par centaines, des magazines, des vidéos et des sites Internet spécialisés, qui proposent différentes méthodes pour perdre du poids. Ce sont aussi les entraîneurs privés, les tapis roulants, les vélos stationnaires, les aliments ajoutés de nutraceutiques, d'antioxydants, d'Omega-3, de resveratrol et de polyphénols ou réduits en gras, en sel et en sucre, jusqu'aux réclames de l'industrie des cosmétiques et des conglomérats pharmaceutiques, tout devient possible. Pour ceux qui en ont les moyens financiers, la chirurgie

[21] Featherstone, M., Hepworth, M. (1991), « The mask of ageing and the postmodern life course », *The Body : Social Process and Cultural Theory*, London : Sage.
[22] Welsch, W. (1996), « Aestheticization processes : Phenomena, distinctions, prospects », *Theory, Culture and Society*, vol. 13, n° 1, p. 1-24.
[23] Lasch, C. (1980), *The Culture of Narcissism*, New York : Abacus.

esthétique permet d'atténuer les signes du vieillissement, d'éliminer ou de corriger certains traits physiques indésirables[24] et même de faire du corps un genre de canevas artistique[25].

La sexualité n'est plus seulement un déterminisme, mais une question de choix. Aujourd'hui, « la sexualité n'est qu'un type de mode de vie parmi bien d'autres[26]. » Dans la foulée de la reconnaissance de certains comportements sexuels auparavant relégués au rayon des perversions, le discours même de la perversion s'est en partie effondré[27]. Avec les avancées scientifiques, techniques et technologiques en matière de fécondation, la conception est devenue un processus autonome détaché de l'acte de copulation[28] : la conception, tout comme le reste du corps, est devenue flexible et plastique. La prolifération de tous ces projets sexuels identitaires inscrits dans une époque à l'aune d'une sexualité plastique, qui mettent en jeu de nouvelles façons d'habiter le corps et d'exprimer la sexualité, suggèrent que le genre n'est plus enchâssé dans des fondations biologiques fixes et déterminées. Ce sont désormais l'ensemble des frontières qui sont assaillies de toutes parts. Le corps est devenu un vaste chantier, le chantier de tous les possibles, le chantier de l'identité, le chantier de l'ultime identification à soi. Le corps est devenu une destination.

Les démons génétiques

Sigmund Freud ouvre le XXe siècle sur une vision du corps où l'individu doit composer avec ses démons intérieurs. Il y a désormais un pilote à bord du corps : l'inconscient. Au milieu du XXe siècle, deux avancées scientifiques révéleront d'autres démons intérieurs : la découverte de l'ADN par James Watson

[24] Davis, K. (1995), *Enforcing Normalcy : Disability, Deafness and the Body*, New York : Verso.
[25] Davis, K. (1997), *The Disability Study Readers*, London : Routledge.
[26] Giddens, A. (1992), *The Tranformation of Intimacy : Love, Sexuality and Eroticism in Modern Societies*, Cambridge : Polity Press, p. 179.
[27] *Idem.*
[28] *Idem.*, p. 27.

(1928-) et Francis Crick (1916-2004), d'une part, et la mise en place des essais cliniques, d'autre part. La découverte de l'ADN pose un nouveau paradigme : le corps est information. L'information est dans les gènes. Les gènes contiennent un programme bien précis à exécuter, analogie à la fois cybernétique et informatique. Il suffit d'un simple dérèglement dans le programme et l'information se dégrade, d'où les dérèglements potentiels du corps, d'où ses dysfonctionnements. Au coût de trois milliards de dollars, le projet du génome humain (1989-2003) redéfinira de fond en comble l'existence du corps, réduira son existence à ce qui le constitue fondamentalement, c'est-à-dire le gène. C'est donc dire que la génétique est aussi devenue un outil cognitif qui se veut une statistique des prédispositions du corps, une capacité à prédire ses incapacités futures, la possibilité d'unifier la connaissance du corps à travers un langage unique, celui des gènes, celui qui relie entre eux l'existence de tous les corps humains.

Au sortir de la Seconde Guerre mondiale, l'arrivée des essais cliniques initie une représentation inédite du corps : il est désormais possible de déterminer un état moyen de santé des corps à partir de fourchettes statistiques. Avec les essais cliniques, le corps est traversé de nouvelles normes : déplacement des distinctions entre santé et maladie ; déplacement d'une médecine préventive vers une médecine prédictive ; métamorphose du corps normal et du corps pathologique où l'essai clinique efface le corps malade visible à ses signes par un corps malade située dans une fourchette statistique effaçant les repères du visible. Conséquemment, le moindre symptôme et le moindre signe incongru du corps peuvent être porteurs d'un signe de défaillance avérée ou non. Tout se situe ici dans le potentiel d'une quelconque défaillance qu'il faudrait parvenir à maîtriser en aval en déployant une batterie d'interventions et de moyens.

Avec la génétique de plus en plus en mesure de repérer des défauts potentiels, avec les essais cliniques statistiquement capables de prédire le développement de telles ou telles maladies, se dessine la trame d'un horizon de la peur de plus en plus rapproché : le corps peut trahir. Il est vecteur de menaces, d'incertitudes et de peurs. Du coup, un processus sans précédent de prise de contrôle du corps à travers les tests de dépistage, l'imagerie médicale, la médecine nucléaire, les prises de sang et autres évaluations fournies par une batterie de spécialistes et de technologies relient dans une chaîne causale extrêmement serrée les niveaux génétique, biochimique, biophysique, systémique et comportemental. Le corps du XXe siècle est donc un corps à surveiller. Se prolonge ici, à travers la science médicale, la biologie, la génétique, et les biotechnologies, l'application à un degré sans précédent de l'idée de contenance de soi et de gouvernance de soi amorcée au XVIIe siècle par la morale puritaine de la Réforme protestante.

À l'inverse des démons de Freud, qui peuvent être vaincus ou du moins muselés à force d'un certain travail sur soi, d'anxiolytiques ou de psychotropes, à l'inverse des démons des débalancements biochimiques identifiés par les essais cliniques, qui peuvent être facilement identifiés par toutes les formes possibles de tests de dépistage, éradiqués ou muselés par les molécules développées par les grands groupes pharmaceutiques, le démon des gènes est pour le moment indomptable ni vraiment maîtrisable à moins que la génomique[29], la protéinomique[30] et l'exposémique[31] tiennent leurs promesses. Mais, au total, et peu importe si le génie génétique parvient à museler ou à éradiquer les démons des gènes, il n'en reste pas moins que le corps est devenu, au XXe siècle, un vecteur de menaces, d'incertitudes et de peurs

[29] Analyse de la variabilité du génome.
[30] Analyse de la variabilité protéique.
[31] Avec le développement de l'épidémiologie moléculaire, c'est à dire des études dans lesquelles on analyse des paramètres biologiques dans les cellules, les tissus ou les fluides corporels, il sera possible d'obtenir une vision globale et intégrée de l'historique des expositions aux agents chimiques, physiques et infectieux.

qui vient asseoir la prétention du gouvernement de soi à toujours plus de contenance et de maîtrise de tous les aspects de la vie.

De là, l'invalidité et le vieillissement, au XXe siècle, ont connu un glissement important. Le vieillissement n'est plus seulement une simple et banale condition naturelle, mais une maladie qui peut être guérie ; c'est tout le projet transhumaniste. L'invalidité ne relève plus seulement de la condition médicale ou du bien-être de l'individu, mais relève désormais d'une problématique d'atteinte aux droits de la personne (accès aux immeubles, accès aux lieux publics, accès à l'activité sportive ou récréative, accès à l'activité culturelle). Les projets de transformation du corps par l'alimentation, l'activité physique et la chirurgie traduisent une logique consumériste où le corps performant, beau, découpé, mince, svelte et musclé le qualifie et le quantifie comme valeur marchande dans le monde de l'emploi, des relations personnelles et de l'amour. Le travail de la médecine, quant à lui, s'est graduellement déplacé depuis une médecine qui guérit vers celui d'une médecine qui vise à la construction et l'élaboration d'un corps optimal et en santé pouvant défier le vieillissement. La mondialisation du capitalisme, quant à elle, dans sa logique du juste à temps, exige des corps de plus en plus flexibles en mesure de s'adapter aux heures de travail de plus en plus décalées où l'individu est de plus en plus entrelacé dans les milliers de fils invisibles de la communication qui le relient constamment au travail.

Avec l'arrivée de l'IA, les démons génétiques changent d'échelle. Ce ne sont plus seulement les gènes qui semblent porteurs de menaces, mais les **interprétations automatisées** que nous en faisons. L'IA lit, classe et prédit nos vulnérabilités biologiques avec une précision inédite, renforçant l'idée que le corps est un système fragile qu'il faut anticiper en continu. Elle devient ainsi le nouveau gardien, ou le nouveau déclencheur, de nos angoisses physiologiques : un oracle algorithmique capable de révéler ce que nos gènes taisent encore.

Au croisement de l'IA, de la biologie et du calcul, le corps n'est plus seulement surveillé : il est **prévu, modélisé, potentialisé**, redéfinissant les démons génétiques en *démons prédictifs*.

L'individu conscient de sa santé

Confronté à sa propre finitude, l'individu constate qu'il aurait peut-être dans son génome une prédisposition à telle ou telle maladie. De leur côté, les nutritionnistes élargissent constamment le spectre des aliments sains et malsains. Les recherches scientifiques alignent des sommes impressionnantes de dangers pour la santé, parfois au tréfonds même d'une protéine ou d'une quelconque molécule. Le corps est ainsi devenu réservoir de problèmes pouvant porter atteinte à la santé. Être sain se résumerait à n'avoir aucune prédisposition à une quelconque maladie, d'où l'idée de dépistage. En matière de tension artérielle, l'individu n'est plus « normotensif » s'il se situe dans le dernier quart de l'échelle normative, mais « pré-hypertensif », même s'il ne manifeste aucun symptôme. La notion de mode de vie, bon ou mauvais, détermine dorénavant la relation du sain au malsain.

Le rapport du sain au malsain est également constamment redéfini par la mise à niveau des critères qui déterminent si un individu est ou non bien portant. Par exemple, 1997 aura été l'année de la révision à la baisse de ces critères[32] qui déterminaient jusque-là si, oui ou non, un individu était bien portant, ce qui aura pour résultat que des millions de gens se sont soudainement retrouvé malgré eux mal-portants et médicalisables. Aux États-Unis, en 1997, la mesure qui détermine la santé artérielle passe de 160/100 à 140/90, d'où l'ouverture d'un marché des hypotenseurs à plus de 13,5 millions de nouveaux patients. Toujours en 1997, aux États-Unis, l'indice de la mesure du sucre dans le sang passe de 140 à 126, d'où un nouveau marché de plus de 1,7 million de nouveaux diabétiques a été créé. En 1998, l'indice du taux de mauvais cholestérol passe de 240 à 200, ce qui augmente

[32] Welch, H.G., Schwartz, L.M., Woloshin, S. (2011), *Overdiagnosed, Making People Sick in the Pursuit of Health*, Boston: Beacon Press.

de 86 % le nombre de nouveaux patients à traiter, soit plus 42,6 millions de personnes aux États-Unis, ouvrant ainsi la porte toute grande à l'industrie pharmaceutique des statines. En 2003, l'indice de l'ostéoporose a été revu à la baisse de -2,5 à moins de -2,0, créant ainsi plus de 6,8 millions de nouveaux patients aux États-Unis, soit une augmentation de plus de 85 % par rapport à la situation précédente. À partir de 2000, l'OMS fait glisser l'indice de masse corporelle marquant le seuil de l'obésité de 30 à 27, ce qui signifie que la maladie est désormais une simple ligne à franchir.

Avec le XXIe siècle, il ne s'agit plus seulement d'éradiquer le mal. La finalité est de transcender le mal. Il y aurait, chez l'être humain, une profonde aversion envers sa propre finitude. Des processus biologiques dégénérescents identifiés, il n'y a qu'un pas à franchir pour vouloir les contourner ou les empêcher de s'exprimer. Le transhumanisme n'est pas étranger à cette finalité, mais il n'en est pas pour autant le moteur ; il en est que le prolongement, une suite logique d'une prévention de soi amorcée au XIXe siècle. Ce que propose donc ce début du XXIe siècle, c'est un individu autonome en matière de santé, autrement dit, un moyen collectif de gérer la maladie par l'accumulation d'un grand nombre d'individus eux-mêmes autonomes en matière de santé.

Prévention de soi, dépistage, saine nutrition et pratiques sportives sont dorénavant les passages obligés pour mettre à distance les dangers. Les campagnes de santé publique rappellent constamment à l'individu cette mise à distance, tout comme la fiche nutritive inscrite sur les emballages des aliments normalise cette mise à distance des dangers en matière de nutrition. Souscrire à l'utilisation de technologies médicales personnelles (tensiomètre, cardiomètre, mesure de la glycémie, etc.) suppose que l'individu est conscientisé à la prévention de soi. L'utilisation, à la maison, de détergents antibactériens, l'élimination de tous les produits chimiques au profit de produits dits écologiques sont des pratiques confirmées d'une prise de conscience personnelle face aux dangers tapis dans les moindres habitudes ou comportements. La mise à distance des dangers est avant tout une purification de soi et de son environnement immédiat, l'idée étant que les agissements normalisés de l'un profitent au collectif.

La normalisation des espaces, des comportements et des corps a changé de registre : c'est l'aboutissement d'une logique de la prévention de soi amorcée au XIXe siècle, mais qui est aussi rupture. Aboutissement, dans le sens où la pratique individuelle de prévention de soi est plus que jamais à l'ordre du jour. Rupture, dans le sens où l'État n'a plus le rôle disciplinaire du XIXe siècle, ni tout à fait le rôle protecteur du XXe siècle, d'où un présupposé important : l'addition de toutes les pratiques individuelles de prévention de soi conduirait à une protection collective généralisée nonobstant toutes autres considérations de nature sociale. Ce changement de paradigme n'est pas innocent : la santé est désormais du total ressort de l'individu. Cette prévention se traduit dans la mise en pratique d'un mode de vie sain adossé à trois piliers : dépistage, nutrition et fitness.

L'individu conscient de sa santé est donc celui qui confie son corps au corps médical afin de dépister ce qui pourrait éventuellement porter atteinte ou non à sa santé. Ce qui nourrit le corps doit être à la fois un carburant produisant le moins de déchets oxydants possible et un aliment qui protège, renforce et optimise l'ensemble des fonctions métaboliques et immunitaires, ainsi que la structure musculaire et squelettique. Une fois établi que le corps est à l'abri de dangers potentiels internes balisés par le savoir médical, qu'il est correctement alimenté selon des normes établies par les nutritionnistes, il doit aussi être un corps entraîné dans le mouvement, dans le travail, dans la performance et modelé selon des normes établies à la fois par le savoir médical et celui de la kinésiologie, l'idée étant qu'une multitude de corps ainsi optimisés seraient l'équivalent d'une population en santé où les conditions sociales auraient peu d'incidence. Dans cette autonomie supposée de l'individu et de la suggestion qui lui est faite d'assumer sa santé et de la maintenir, la société tend à faire de lui « le dépositaire ultime de la connaissance et de la gestion de soi. Cette tendance est encouragée par les efforts des systèmes de santé pour limiter les dépenses et miser sur la prévention en responsabilisant les individus, que l'on considère comme étant parvenus à une maturité de médecins de soi[33]. » Finalement, le corps est peut-être appelé à devenir toujours plus ce par quoi l'individu s'identifie et se représente. En fait, le chantier du corps est amorcé et nul ne sait où et comment ce chantier redéfinira l'ensemble de la société. En revanche, une chose est certaine : le corps est définitivement un objet de sociologie. Mais plus encore, le corps confronte plus que jamais son propriétaire à un certain horizon de la peur, un corps devenu vecteur de menaces et d'incertitudes.

Du début du XXe siècle jusqu'à aujourd'hui, c'est donc l'idée pour le corps de soustraire qui s'applique : il est exigé de la femme une exiguïté charnelle. La silhouette, c'est-à-dire, le corps mince et svelte, s'impose. Norme incontournable, la silhouette, bien que soumise de temps à autre à contestation par différents courants marginaux, est irrévocable. Même la révolution féministe des années 1970 n'aura pu empêcher son avancée. Les magazines féminins continueront, imperturbables, à promouvoir cette silhouette à affiner, car l'échec de l'apparence est peut-être aussi échec de l'identité, chose impensable dans la société des XXe et XXIe siècles où dominent la légèreté, l'efficacité, la performance, la mobilité, l'instantanéité et la fluidité.

Le facteur de risque

Dans cette foulée d'un corps de plus en plus flexible, malléable, transformable et métamorphosable, dans cette foulée d'un corps devenu l'ultime identification à soi, il y a aussi, chevillé à ce corps, l'incontournable corps devenu vecteur de me-

[33] Moulin, A. M. (2011), « L'histoire vue par la biologie », *Aux origines de la médecine*, Paris : Fayard.

naces, d'incertitudes et de peurs. Si le corps est à ce point le porteur d'une identité sociale, si le corps est à ce point une plateforme sur laquelle s'érige la personnalité, il s'ensuit forcément que le moindre dérèglement potentiel doit être traqué et mis hors d'état de nuire le plus tôt possible. Du coup, le corps est aussi devenu un vecteur de menaces et d'incertitudes : il vaut donc mieux prévenir que guérir. C'est un horizon de la peur de plus en rapproché qu'offre le corps, la peur de la maladie et de la défaillance, la peur de ne plus être ce corps socialement acceptable et désirable.

Dans la foulée d'un corps, au XXe siècle, devenu vecteur de menaces et d'incertitudes, trois événements contribueront à l'émergence de la notion de facteur de risque[34] : (i) les maladies coronariennes, et particulièrement l'infarctus du myocarde, sont devenues la première cause mortalité après les maladies infectieuses, soit plus de 40 %, et touchent particulièrement les hommes entre 20 et 50 ans[35] ; (ii) la United States Public Health Service place les maladies coronariennes au cœur même des préoccupations de sa propre recherche médicale[36] et soupçonne à la fois le développement d'une maladie silencieuse[37] et le régime alimentaire américain[38] ; (iii) l'arrivée de l'enquête prospective de cohorte. La convergence de ces trois événements culminera dans la Framingham Heart Study[39] et permettra une multitude d'interventions : récolter des données statistiques ; développer

[34] Rothstein, W. G. (2003), *Public health and the risk factor : a history of an uneven medical revolution*, Rochester, NY: University of Rochester Press.
[35] Marks, H. (1999), *La médecine des preuves. Histoire et anthropologie des essais cliniques de 1900 à 1990*, Le Plessis-Robinson : Institut Synthélabo.
[36] Moriyama, I. M., Woolsey, T.D. (1951), « Statistical studies of heart disease. IX. Race and sex differences in the trend of mortality from the major cardiovascular-renal diseases », *Public Health Report*, vol. 66, p. 355-368.
[37] Herrick, J. B. (1912), « Clinical features of the coronary arteries », *Journal of the American Medical Association*, vol. 59, p. 2015-2020.
[38] Keys, A. (1948), « Nutrition in relation to the aetiology and courses of diseases », *Journal of the American Dietetic Association*, vol. 24, p. 281-285.
[39] Merril, R. (2010), *Introduction to Epidemiology*, 5th ed., Sudbury, MA: Jones and Bartlett Publishers, p. 42.

des outils permettant d'exploiter adéquatement les données[40] ; connaître le taux de prévalence et d'incidence des maladies coronariennes ; effectuer une classification nosologique de ces maladies ; mettre en œuvre des programmes de dépistage ; mener des études de morbidité dans des populations délimitées ; identifier le rôle du dépôt de cholestérol dans le développement de l'athérosclérose ; de considérer désormais que ces maladies ne sont pas dues au vieillissement, mais qu'elles sont bel et bien dégénératives. Cette convergence amorce non seulement l'ère des études épidémiologiques et des essais cliniques à grande échelle, mais aussi celle du facteur de risque. Ce sont trois facteurs de risque bien précis et identifiés par la Framingham Heart Study, qui viendront changer la donne : l'hypertension, le tabagisme, le cholestérol.

La Framingham Heart Study va rapidement établir le fait que, de tous les facteurs de risque, l'hypertension[41] est celui qui a la plus forte incidence sur le développement de maladies cardiovasculaires : angine, insuffisance coronarienne, infarctus du myocarde, mort subite. L'étude n'arrive pas seulement à quantifier le potentiel athérogénique de l'hypertension, mais arrive aussi à préciser sa prévalence et son incidence dans la population, ainsi que ses déterminants et ses causes[42]. Au fil des recherches, elle fait également la démonstration que l'hypertension varie avec l'âge, qu'elle varie selon le sexe, et que la pression sanguine diastolique est un prédicteur des maladies cardiovasculaires chez les jeunes gens versus la pression sanguine systolique chez les gens d'âge moyen et plus âgés[43]. En fait, ce que révèle la Framingham Heart Study, avec preuves à l'appui, c'est

[40] Levy, D., Brink, S. (2005), *A change of heart: how the Framingham heart study helped unravel the mysteries of cardiovascular disease*, 1st ed., New York : Knopf.
[41] Dawber, T. R., Moore, F. E., Mann, G. V. (1957), « Coronary heart disease in the Framingham study », *American Journal of Public Health*, vol. 47, p. 4–24.
[42] Kannel, W. B. (2000), « Fifty years of Framingham Study contributions to understanding hypertension », *Journal of Human Hypertension*, vol. 14, n° 2, p. 83-90.
[43] Franklin, S. S., Wong, N. D. (2013), « Hypertension and Cardiovascular Disease: Contributions of the Framingham Heart Study », *Global Heart*, vol. 8, n° 1, p. 49-57.

que le principal facteur de risque n'est pas seulement l'hypertension, mais les niveaux antérieurs de pression sanguine diastolique et systolique. Autrement dit, le risque est proportionnel au niveau de la pression sanguine et il peut même l'être à des pressions sanguines réputées normotensives. Certaines variations de la pression sanguine, à elles seules, en l'absence de toutes autres conditions présumées associées à l'hypertension, contribueraient au risque de développer des maladies cardiovasculaires[44]. Auparavant perçues comme une conséquence inévitable de l'âge, les maladies cardiovasculaires entrent désormais dans le giron des maladies induites par l'environnement, le mode de vie et l'alimentation.

Déjà, en 1969, la Framingham Heart Study avait ciblé que l'hypertension était nettement influencée par la teneur en lipides dans le sang et qu'elle pouvait être contrôlée à la fois par un mode de vie plus sain et par une médication appropriée : « Il y a donc de bonnes raisons de préconiser très tôt le contrôle de la pression artérielle élevée, qu'elle soit sporadique ou constante, diastolique ou systolique, à tout âge et pour les deux sexes. Cette démarche préventive devrait donc se traduire par une réduction substantielle de la morbidité et de la mortalité coronarienne[45]. » Cette affirmation de la part des chercheurs de la Framingham Heart Study est non seulement marquante, mais également structurante. Elle va définir la nature même des interventions à venir. Entrent alors en scène l'industrie pharmaceutique qui développera les hypotenseurs ; les nutritionnistes qui travailleront sur le régime alimentaire réduit en gras ; l'industrie du contrôle de la prise de poids qui proposera une kyrielle de régimes, qui développera des franchises de gymnases privés, qui mettra en vente des appareils d'entraînement pour la maison — vélo stationnaire, tapis roulant —, qui fera appel à des vedettes du cinéma

[44] *Idem*.

[45] Kannel, W. B., Schwartz, M. J., McNamara, P. M. (1969), « Blood Pressure and Risk of Coronary Heart Disease: The Framingham Study », *Chest*, vol. 56, n° 1, p. 43-52.

ou de la télévision pour vendre des cassettes d'entraînement et de remise en forme.

En ce qui concerne la notion même de facteur de risque, peu de gens savent que les médecins et chercheurs de l'Allemagne nazie avaient été les premiers à identifier l'un des plus importants facteurs de risque lié au cancer du poumon : le tabagisme[46]. Informés de la chose, les dirigeants nazis avaient commencé à s'inquiéter du fait que le citoyen puisse accorder son allégeance à la cigarette plutôt qu'au Führer[47] et à s'inquiéter également du fait que les soldats puissent être en mauvaise santé, d'où les campagnes antitabac agressives proposées par le gouvernement du Troisième Reich sous l'insistance des médecins allemands[48], dont celle-ci, parue dans le journal Reine Luft en 1941, qui clamait : « *Ne fumez pas... — Ne partez pas en fumée !* ». Ou encore celle-ci, parue en 1937 dans le magazine Auf der Wacht, qui affirmait : « *Notre Führer, Adlof Hitler, ne boit aucun alcool et ne fume pas... Sa performance au travail est incroyable !* ». Dans le même souffle, les campagnes antitabac ont commencé à souligner à quel point les chefs d'État hostiles à l'Allemagne — Churchill, Roosevelt, Staline — étaient des fumeurs invétérés[49], alors que les vertueux fascistes Mussolini et Franco ne l'étaient pas[50]. Dès 1939, l'épidémiologiste allemand Franz H. Muller avance l'idée que « l'augmentation spectaculaire de la consommation de tabac pourrait bien être la cause ayant eu l'impact le plus significatif sur l'incidence du cancer du poumon[51]. »

---

[46] Proctor, R. N. (1991), *Nazi War on Cancer*, Princeton : Princeton University Press, p. 192.

[47] Smith, G. D., Strobele, S. A., Egger, M. (1995), « Smoking and death », *British Medical Journal*, vol. 310, p. 396.

[48] Kater, M. H. (1989), *Doctors under Hitler*, Chapel Hill: University of North Carolina Press.

[49] Proctor, R. N. (1988), *Racial hygiene: medicine under the Nazis*, Cambridge : Harvard University Press.

[50] Mackenbach, J. P. (2005), « Odol, Autobahne and a non-smoking Führer: Reflections on the innocence of public health », *International Journal of Epidemiology*, vol. 34, n° 3, p. 537-539 [538].

[51] Muller, F. H. (1939), *Tabakmissbrauch und Lungencarcinom*, Z Krebsforsch, vol. 49, p. 57-85.

Soixante des plus grandes villes allemandes, dès 1941, bannissent des rues la consommation de la cigarette[52]. Il a également été interdit aux femmes enceintes de moins 25 ans de se procurer des coupons de rationnement de tabac, tout comme il a été interdit de vendre des cigarettes aux femmes dans les restaurants et les cafés[53]. À partir de juillet 1943, un décret a même rendu illégale la vente de cigarettes à tous les gens âgés de moins de 18 ans[54]. La cigarette, dès 1944, a été bannie des trains et des autobus, une initiative d'Adolf Hitler qui s'inquiétait que les jeunes femmes puissent respirer la fumée du conducteur[55]. En 1944, un rapport soumis par le pathologiste militaire Franz Buchner, souligne que des 32 soldats décédés d'une crise cardiaque, alors qu'ils étaient au combat, tous étaient des « fumeurs enthousiastes », d'où l'idée que la cigarette était définitivement « un poison coronarien de premier ordre[56]. »

Pour l'historien américain des sciences Robert Proctor, l'Allemagne nazie, par ses nombreux programmes à visée sociale, a systématiquement été à l'avant-garde de la santé publique par rapport aux autres pays. En fait, le Troisième Reich avait déjà réussi à identifier certains facteurs de risque liés à la santé et à normaliser les comportements de la population par la promotion de pratiques prophylactiques et préventionnistes : saine alimentation par la consommation de pain de blé entier et de graines de

[52] Kleine, M. (1941), *Vertrauensarzt*, vol. 9, p. 196.

[53] Charman, T. (1989), *The German home front 1939-1945*, London : Barrie & Jenkins.

[54] Fromme, W. (1948), « Offentlicher Gesundheitsdienst », *Hygiene. Part I. General hygiene*, Rodenwaldt E, ed., vol. 36, Wiesbaden : Dietrich'sche Verlagsbuch-handlung

[55] Informationsdienst des Hauptamtes fur Volksgesundheit der NSDAP, 1944, April-June, 60-1.

[56] Gœdel, A. (1944), « Kriegspathologische Beitrage », *Kriegschirurgie*, vol 1, Zimmer A, ed., Vienna : Franz Deuticke.

soya, activité physique soutenue et campagnes antitabac menées à l'échelle nationale[57].

Ce n'est que dans les années 1950 que le concept de facteur de risque sera redécouvert aux États-Unis avec la Framingham Heart Study. Avec plus de 5 000 participants, l'enquête menée pendant plus d'une dizaine d'années dans la petite ville de Framingham du Massachusetts, amorce non seulement l'ère des études épidémiologiques et des essais cliniques, mais établit un lien direct entre tabagisme et cancer du poumon. Autrement dit, ce n'est que 20 ans après la chute du régime nazi que les campagnes antitabac à l'échelle nationale seront remises à l'ordre du jour, et il y a à peine soixante ans, personne n'aurait pu soupçonner que certains types de régimes alimentaires seraient potentiellement dommageables pour la santé cardiovasculaire, encore moins un facteur de risque. Ce sont les travaux du nutritionniste américain Ancel Keys (1904-2004) avec la publication, en 1953, de son article intitulé *Atherosclerosis: a problem in newer public health*[58], qui vont en dévoiler toute l'ampleur. Fondés sur l'observation des habitudes alimentaires de sept différents pays, les recherches de Keys vont établir un lien direct de cause à effet entre les aliments saturés en gras et les maladies cardiovasculaires. Viendront par la suite les recommandations de ce dernier de réduire de façon significative la consommation d'huiles végétales et de margarine pour se tourner plutôt vers des régimes de type méditerranéen : c'est la *Diet Heart Hypothesis*, hypothèse qui suggère non seulement que consommer trop de cholestérol peut mener à des problèmes cardiovasculaires, mais égale-

[57] Proctor, R. N. (1996), « The anti-tobacco campaign of the Nazis: a little known aspect of public health in Germany, 1933-45 », *British Medical Journal*, vo. 313, p. 1450-1453.
[58] Keys, A. (1953), « Atherosclerosis: a problem in newer public health », Journal of Mount Sinai Hospital, vol. 20, p. 118-139.

ment une hypothèse qui deviendra la clé de voûte d'une démarche globale en matière de régimes et qui modifiera en profondeur la relation entretenue entre cholestérol et mortalité[59].

À ce titre, en 1977, les données de la Framingham Heart Study confirmeront que le bon cholestérol (HDL) peut largement contribuer à la santé cardiovasculaire[60]. Le mauvais cholestérol (LDL), quant à lui, aurait le défaut de déposer le cholestérol sur les parois des artères, contribuant ainsi à la formation de plaques de graisse nommées athéromes susceptibles de bloquer les artères. Autre preuve à l'appui qui confirmerait l'hypothèse du mauvais cholestérol est celle voulant que lorsque des animaux (lapin, singe, souris, chien) ingèrent des quantités massives de cholestérol, ceux-ci développent des lésions qui s'apparentent effectivement à des plaques d'athérosclérose[61]. D'autre part, certains chercheurs estiment que l'homme, à l'inverse des animaux, gère relativement bien les excès de cholestérol présents dans son alimentation[62-63]. La dynamique qui s'est par la suite installée est instructive à plus d'un égard[64].

---

[59] Keys, A. (1980), *Seven countries: a multivariate analysis of death and coronary heart disease*, London: Harvard University Press.

[60] Gordon, T., Castelli, W. P., Hjortland, M. C., Kannel, W. B., Dawber, T. R. (1977), « High density lipoprotein as a protective factor against coronary heart disease. The Framingham study », American Journal of Medecine, vol. 62., p. 707–714.

[61] Kovanen, P. T. et als. (1981), « Saturation and suppression of hepatic lipoprotein receptors: a mechanism for the hypercholesterolemia of cholesterol-fed rabbits », *Proceedings of the National Academy of Sciences of the United States of America*, vol. 78 n° 3. p. 1396–1400.

[62] Ostlund, R.E., Bosner, M.S., Stenson, W.F., (1999), « Cholesterol absorption efficiency declines at moderate dietary doses in normal human subjects », *The Journal of Lipid Research*, vol. 40, p. 1453-1458.

[63] Miettinen, T.A., Kesäniemi, Y.A. (1989), « Cholesterol absorption: regulation of cholesterol synthesis and elimination and within-population variations of serum cholesterol levels », *The American Society for Clinical Nutrition*, vol. 49, n° 4, p. 629-635.

[64] Il ne s'agit pas ici de trancher dans le débat à savoir si, oui ou non, le mauvais cholestérol est responsable des maladies cardiovasculaires, ce qui serait largement au-delà du champ de compétence de cet essai, mais bien plutôt de voir comment le mauvais cholestérol en tant que facteur de risque s'est socialement construit et inscrit.

Premièrement, la Framingham Heart Study a montré qu'une consommation de cholestérol alimentaire au-delà de la moyenne générale ou une consommation de cholestérol alimentaire en deçà de la moyenne générale, tant chez les hommes que chez les femmes, n'avait pas ou peu d'incidence sur le taux de maladies cardiovasculaires[65-66].

Deuxièmement, Ancel Keys affirmait, en 1977 : « Il n'existe aucune corrélation entre le cholestérol alimentaire et le cholestérol sanguin. Et nous le savons depuis longtemps. Le cholestérol contenu dans les aliments n'a aucune incidence sur vous, à moins que vous ne soyez un poulet ou un lapin[67]. »

Troisièmement, si le cholestérol était effectivement la cause des maladies cardiovasculaires, il serait un facteur de risque, tant pour les deux sexes, que toutes les tranches d'âges, que toutes les populations, peu importe leur régime alimentaire : ce qui n'est pas le cas, car le cholestérol total n'est pas un prédicteur indépendant significatif de la crise cardiaque[68].

Quatrièmement, si le cholestérol était effectivement la cause des maladies cardiovasculaires, il faudrait s'attendre à ce qu'en réduisant l'apport de cholestérol, le taux de maladies cardiovasculaires devrait être réduit d'autant : ce qui n'est pas le cas, car une étude menée sur plus de 997 sujets âgés de plus de 70 ans démontre qu'il n'existe aucune corrélation entre le taux de mortalité, toutes causes confondues — les maladies cardiovasculaires, l'hospitalisation pour un infarctus du myocarde, l'angine instable[69]. Autrement dit, il est peu probable qu'un tel facteur de

---

[65] Dawber, T.R., Nickerson, R.J., Brand, F.N., Pool, J. (1982), « Eggs, serum cholesterol, and coronary heart disease », *The American Society for Clinical Nutrition*, vol. 36, n° 4, p. 617-625.

[66] Asplund, K. et als. (2009), « Relative Risks for Stroke by Age, Sex, and Population Based on Follow-Up of 18 European, Populations in the MORGAM Project », *Journal of the American Heart Asociation*, vol. 40, p. 2319-2326 [2323].

[67] Rosch, P.J. (2008), « Cholesterol does not cause coronary heart disease in contrast to stress », Scandinavian Cardiovascular Journal, vol. 42, p. 244–249.

[68] Asplund, K. et als. (2009), *op. cit.*, p. 2322 et p. 2325.

[69] Krumholz, H.M. et als. (1994), « Lack of Association Between Cholesterol and Coronary Heart Disease Mortality and Morbidity and All-Cause Mortality in Persons

risque — le mauvais cholestérol — cesse d'être un facteur de risque au moment même de la vie où les gens sont le plus susceptibles de mourir.

Cinquièmement, les grandes études démontrent inversement que plus le taux de cholestérol est bas, plus il est susceptible d'augmenter le taux de mortalité. Une méta-analyse portant sur plus de 19 études majeures et comportant plus de 125 000 femmes a démontré qu'il n'existe aucun lien entre le fait d'avoir un taux réduit de mauvais cholestérol et la baisse de la mortalité[70]. La Framingham Heart Study, à partir des données cumulées sur plus de trois générations, arrive à la conclusion qu'il existerait plutôt « un lien direct entre le fait d'avoir un taux réduit de mauvais cholestérol pendant les 14 premières années et une mortalité plus élevée dans les 18 années qui suivent[71]. » Dans le même ordre d'idées, la Japanese Lipid Intervention Trial[72], avec plus de 47 000 participants, en est arrivé à démontrer que le taux de mortalité le plus élevé avait été observé chez les participants à l'étude dont le taux de cholestérol était le plus bas, soit moins de 160 mg/dl, alors que le taux de mortalité le moins élevé avait été observé chez les participants dont le taux de cholestérol variait entre 200 et 259 mg/dl. Autrement dit, alors que le cholestérol baisse, le taux de mortalité augmente.

Malgré toutes ces données et ces recherches scientifiques, la tendance globale est à l'inverse : le cholestérol serait un facteur de risque important. Comment expliquer ce phénomène ? Deux avenues d'analyse sont possibles : la filière économique et la filière de la croyance populaire. D'une part, en ce qui concerne la

Older Than 70 Years », *Journal of Medical American Association*, vol. 272, n° 17, p. 1335-1340.

[70] Jacobs, D., Blackburn, H. (1992), « Report of the Conference on Low Blood Cholesterol: Mortality Associations », *Circulation*, vol. 86, n° 3, p. 1046-1060.

[71] Anderson, K.M., Castelli, W.P., Levy, D. (1987), « Cholesterol and Mortality. 30 Years of Follow-up From the Framingham Study », *Journal of Medical American Association*, vol. 257, n° 16, p. 2176-2180.

[72] Okayam, A. et als (1993), « Changes in Total Serum Cholesterol and Other Risk Factors for Cardiovascular Disease in Japan, 1980–1989 », *International Journal of Epidemiology*, vol. 22, n° 6, p. 1038-1047.

filière économique, tout le discours à propos de l'aspect néfaste du cholestérol tire son origine des expériences menées sur des lapins (animaux herbivores) que l'on gavait d'aliments gras[73]. Ce discours aurait par la suite été repris par tous ceux qui y trouvaient un intérêt quelconque, dont les compagnies pharmaceutiques. Dans la foulée de la marchandisation croissante de la santé publique, toute une dynamique s'est mise en place et y a trouvé son compte. La commercialisation des statines, le lobbying effectué auprès des médecins pour en faire la promotion, et les campagnes publicitaires qui les ont accompagnées, auraient ainsi contribué à promouvoir le cholestérol comme un ennemi de la santé[74]. D'autre part, en ce qui concerne la filière de la croyance populaire, lorsque le médecin — premier intervenant de la santé et figure d'autorité — prescrit des tests sanguins pour mesurer les niveaux de cholestérol, et prescrit, le cas échéant, des statines, lorsque les nutritionnistes structurent les régimes alimentaires autour de l'idée de la consommation minimale de cholestérol et de gras, lorsque les tribunes médiatiques reprennent l'idée que le cholestérol est néfaste, lorsque le complexe agroalimentaire met en marché des produits réduits en gras et en cholestérol, tout concoure à socialement construire et inscrire le fait que le cholestérol est à proscrire.

Avec la Framingham Heart Study, ce n'est donc pas seulement la notion de facteur de risque qui est révélée, mais le fait que le facteur de risque se révèle à la fois une construction sociale et un fait social total. Construction sociale, dans le sens de Berger et Luckman[75], c'est-à-dire une construction créée, objectivée, institutionnalisée et intériorisée par les individus, d'où les comportements de plus en plus orientés vers des pratiques préventives. Un fait social total, dans le sens de Marcel Mauss, c'est-à-dire

---

[73] Kovanen, P.T. et als. (1981), *op. cit.*

[74] Rosch, P.J. (2008), op. cit.

[75] Berger, P., Luckmann, T. (1986), *La construction sociale de la réalité*, Paris : Klincksieck.

un fait qui engage l'individu et les institutions dans une démarche globale vouée à maîtriser, contrôler, normaliser et réguler les pratiques de santé. Et les différents jalons de la recherche de la Framingham Heart Study, au fil du temps, révèlent ce fait social total[76].

Du moment que la Framingham Heart Study a été en mesure d'identifier des facteurs de risque, la réponse sociale a été conséquente. Alors qu'il est démontré, en 1960, que le tabagisme est directement lié au cancer du poumon et aux maladies cardiovasculaires, l'État va réagir et obliger les fabricants à imprimer sur les paquets de cigarettes des avertissements, tout comme elle mettra en œuvre des campagnes de santé publique agressives, ainsi que des réglementations anti-tabac.

En 1961, une fois le cholestérol et l'hypertension identifiés comme facteur de risque, c'est non seulement la santé publique qui réagira, mais l'ensemble des acteurs de la santé, de l'industrie pharmaceutique et du complexe agroalimentaire. Mais plus encore, c'est une véritable lutte contre le cholestérol qui sera engagée. Aux États-Unis, toute une série de démarches pour changer le modèle alimentaire américain culminera, en 1979, avec la publication du célèbre rapport *Dietary Goals for The United States* piloté par le célèbre sénateur George S. McGovern. Ce moment est particulièrement marquant, puisqu'il contribuera largement à reformuler la relation avec les gras alimentaires :

> « Ce rapport a pour but de souligner que les habitudes alimentaires de ce présent siècle représentent un problème de santé publique comme jamais auparavant. Nous devons admettre et reconnaître que le public est désorienté face à ce qu'il doit manger ou non pour améliorer sa santé. Si nous voulons, en tant que gouvernement, réduire les coûts de santé et optimiser la qualité de vie de tous les américains, nous avons l'obligation d'informer adéquatement chaque citoyen

[76] Framingham Heart Study, *Research Milestones*, http://www.framinghamheart-study.org/about-fhs/research-milestones.php.

> en lui proposant des guides pratiques, tout comme l'obligation de déterminer des objectifs alimentaires à atteindre à l'échelle nationale. Cet effort est depuis longtemps nécessaire. Cette étude, se veut un premier pas dans cette direction[77]. »

L'ensemble de la démarche du sénateur américain McGovern a systématiquement redéfini la santé et l'alimentation au XXe siècle[78]. Hormis quelques modifications apportées au fil du temps, cet effort aura installé pour les décennies à venir le dogme de la diminution de la consommation d'aliments riches en gras saturés et en cholestérol. C'est à l'aune de cette vision que les normes alimentaires seront établies et que la fiche nutritionnelle se retrouvera imprimée sur l'ensemble des produits emballés. Le complexe agroalimentaire, quant à lui, dans ses efforts de commercialisation, procédera à la fois par soustraction et par addition :

> Soustraction, dans le sens où : (i) le libellé « diète » investit une multitude de produits qui se disent plus sains que le produit standard, dont celle du *Diet Pepsi* en 1963[79], première mention à être documentée ; (ii) le libellé « léger » propose des aliments réduits en calories, en gras, en gras saturés, en cholestérol et en sodium ; (iii) le libellé « sans » indique, quant à lui, le bannissement : « sans gras trans », « sans gluten », « sans colorant ajouté », «sans additif chimique».
>
> Addition, dans le sens où le libellé «contient» ou «fait de» renvoie à ce qui est bon pour la santé : « contient du psyllium », « contient des Omega-3 », « fait de blé entier », « fait à partir de fruits entiers ». Ici, le vocabulaire du marketing, puisant dans la recherche scientifique et les recommandations des campagnes de

---

[77] U.S. Senate (1977), *Dietary Goals for The United States*, Washington D.C. : U.S. Government Printing Office, Foreword (notre traduction).
[78] Le but, ici, n'est pas de discuter du bien-fondé ou non des propositions avancées dans ce rapport, mais bel et bien de rendre compte de l'émergence du phénomène.
[79] The Oxford English Dictionnary, 2nd ed., London : Oxford University Press, 1989.

santé publique, souligne des normes, engage des comportements, définit des attentes. La santé acquise par la saine alimentation devient dès lors un projet de société.

La dynamique, rythmée par les découvertes de la Framingham Study et par bien d'autres études scientifiques, scande la nature des démarches et des interventions d'une multitude d'intervenants en matière de santé, car il y a là une responsabilité sociétale : il faut agir, il faut intervenir, penser aux conséquences sociales, sanitaires et environnementales. Cette dynamique a aussi un autre impact : elle transforme graduellement la vie en une multitude de facteurs de risque que répertorie la Framingham Study : le risque d'être en excès de poids au cours de la vie est de 1 sur 2 ; la démence parentale peut conduire à une faible rétention mémorielle au mitan de la vie ; des niveaux élevés de leptines peuvent protéger de l'Alzheimer et de la démence ; l'apnée du sommeil augmente le risque de faire un infarctus ; la dimension de la ceinture de graisse au niveau abdominal, pendant l'enfance et l'adolescence, est associée à un cerveau plus petit à l'âge adulte au cours de l'adolescence ; certains gènes liés à la puberté sont responsables, chez les femmes, du développement de la masse adipeuse à l'âge adulte ; plus d'une centaine de gènes sont responsables des maladies cardiovasculaires en sus de l'indice de masse corporelle, du mauvais cholestérol, du tabagisme, de l'hypertension et du diabète de type 2 ; la survenue, à l'âge de 65 ans, de la crise cardiaque chez un parent, augmente de 3 fois le risque d'un crise cardiaque chez les descendants directs.

Et ce ne sont là que quelques facteurs de risque officiellement et scientifiquement identifiés par la Framingham Study, sans compter tous les autres facteurs de risque médiatisés sur toutes les tribunes, depuis le lait qui serait cancérigène, en passant par les œufs et le beurre qui augmenteraient de façon indue le taux de mauvais cholestérol, jusqu'à la malbouffe qui engendrerait systématiquement l'obésité. Avec la notion de facteur de risque, c'est donc la notion de populations à risque qui émerge. Pour tout dire, les essais cliniques marquent une étape importante pour la santé publique, depuis les campagnes de vaccination permettant de prévenir l'apparition de certaines maladies infectieuses, jusqu'aux statistiques qui permettront de corréler cholestérol et hypertension comme biomarqueurs des problèmes de santé.

Trois piliers soutiennent la notion de facteur risque et son exploitation : la statistique ; l'essai clinique randomisé ; l'industrie pharmaceutique. Ces trois piliers, la statistique qui permet d'identifier des facteurs de risque susceptibles de se manifester en fonction de différents critères, l'essai clinique utilisé comme outil permettant de cibler des facteurs de risque toujours de plus en plus ténus, et la capacité de l'industrie pharmaceutique à développer des médicaments traitant les facteurs de risque, interagissent dans une symbiose qui redéfinit la notion même d'être bien-portant. En fait, l'interaction qui existe entre ces trois piliers est constitutive pour une bonne part du glissement d'une médecine qui a vocation à guérir vers une médecine qui a vocation à gérer le risque : c'est ce que le médecin et historien de la médecine Robert Aronowitz nomme l'approche « facteurs de risque de la maladie »[80].

Les différents succès obtenus par la Framingham Study auraient été impossibles sans l'utilisation de l'outil statistique. Ce qui est moins connu, c'est l'impact du travail sous-jacent effectué par les cliniciens et les statisticiens dans l'élaboration d'outils statistiques sophistiqués. En fait, la Framingham Study est innovatrice à plus d'un égard. Elle a mis au point la méthodologie pour constituer une cohorte, c'est-à-dire la population-laboratoire ; la méthode d'enquête rattachée à une cohorte, à savoir, l'analyse de corrélation multiple ; les modèles statistiques mul-

[80] Aronowitz, R.A. (1999), *Les maladies ont-elles un sens ?*, coll. Empêcheurs de tourner en rond, Paris: Éditions Synthélabo.

tivariés adaptés à l'épidémiologie ; l'analyse de l'origine multifactorielle des maladies. Toutes ces innovations sont non seulement constitutives de la notion épidémiologique de facteur de risque, mais sont aussi constitutives de l'analyse statistique épidémiologique contemporaine[81], de la recherche étiologique et des techniques de la statistique inférentielle en médecine et en épidémiologie[82]. Mais plus encore, toutes ces innovations font de la Framingham Study le prototype même des enquêtes prospectives de cohorte.

Historiquement, c'est au cours de la décennie 1950 que pointe l'essai clinique randomisé en double aveugle. Elle consiste, par exemple, à donner un médicament actif à un groupe témoin et un placebo à un autre groupe témoin, où ni les chercheurs ni les patients ne savent qui prend quoi. Cette façon de procéder offre donc une objectivité sans précédent dans l'analyse des données, et c'est ce qui constitue à la fois le succès, l'efficacité de la méthode et son utilisation répandue. Et les avantages sont plus qu'évidents : ils permettent de savoir à la minute près, à partir d'échantillons sanguins pris à des moments différents, l'impact du médicament actif ou du placebo, offrant ainsi la possibilité d'évaluer assez rapidement si un médicament est réellement actif ou non. Une simple amélioration, ne serait-ce que de 10 % d'une condition donnée, devient donc la preuve de l'efficacité du médicament. Autrement, si un médicament affiche une efficacité d'à peine 3 % supérieure par rapport à un autre médicament pour traiter une seule et même pathologie, cela signifie aussi que ni le médecin ni le patient ne peuvent évaluer adéquatement par eux-mêmes lequel des deux médicaments convient le mieux, à moins de s'en remettre aux résultats des essais cliniques respectifs. De là, une inquiétude croissante au cours des années 1960, alors que les médecins dénoncent de plus en plus ces nouvelles façons

[81] Greenhouse S.W., Dorn, H.F. (1998), *Encyclopedia of Biostatistics*, Armitage P., Colton T., eds., New York : J. Wiley, 1998, p. 955-959.

[82] Greenhouse, S.W. (1997), « Some reflections on the beginnings and development of statistics in "your father's NIH" », *Statistical Science*, vol. 12. p. 82-87.

d'évaluer la condition clinique d'un patient. Mais pour l'État qui doit financer les programmes de santé, pour les entreprises pharmaceutiques désireuses de vendre des médicaments, pour les responsables de la santé publique contraints d'assurer la santé des populations, avoir accès à des données claires et objectives en matière d'efficacité thérapeutique est un outil comportant d'indéniables avantages[83].

Les multiples atouts dont bénéficient les essais cliniques ont radicalement bouleversé la pratique médicale. Non seulement ont-ils démontré leur grande objectivité en situant dans certaines fourchettes statistiques l'efficacité de tel ou tel traitement, mais en plus, ils sont ni plus ni moins venus dire aux médecins que tel ou tel patient, nonobstant son histoire de vie, bénéficierait dans telle ou telle mesure de tel ou tel traitement. Et c'est bien là la prétention universalisante de l'essai clinique, c'est-à-dire, un savoir médical qui ne renvoie à personne en particulier, qui ignore la notion même du sens de la maladie et de la souffrance de l'individu, car ce qu'il dit vaut partout, de tout temps et pour quiconque. Comme le souligne Robert Aronowitz, la maladie existerait en soi, indépendamment de l'individu, c'est-à-dire en dehors des manifestations particulières qu'elle prend pour un individu donné[84], ce qui a conduit au fait que, à partir du milieu du XXe siècle, en l'espace de quelques décennies seulement, la médecine a non seulement modifié ses pratiques, mais a surtout profondément métamorphosé la vision de la vie et du corps ; la relation envers le sain et le malsain ; le normal et le pathologique ; la vision d'un corps perfectible à volonté, mince, sans gras, beau, sculpté et musclé ; l'exigence d'une santé à tout prix s'est graduellement substituée aux traitements des maladies. En somme, au XXe siècle, la santé est devenue une vaste entreprise de gestion du risque, et l'année 1946 marque une date importante, car

[83] Marks, H.M. (1997), *The Progress of Experiment : Science and Therapeutic Reform in the United States, 1900-1990*, Cambridge : Cambridge.
[84] Aronowitz, R.A. (1999), *op. cit.*

l'OMS propose une définition[85] de la santé qui aura des répercussions importantes sur la perception que l'individu a de son corps. Pour bien comprendre ce changement de paradigme, car c'est vraiment d'un renversement des valeurs dont il s'agit ici, un comparatif de deux définitions du mot « santé » s'impose :

> Petit Robert : bon état physiologique d'un être vivant, fonctionnement régulier et harmonieux de l'organisme pendant une période appréciable (indépendamment des anomalies ou des traumatismes qui n'affectent pas les fonctions vitales : un aveugle, un manchot peuvent avoir la santé).
>
> OMS (1946) : État intégral de bien-être physique, mental et social qui ne consiste pas seulement en une absence de maladie ou d'infirmité.

Alors que la définition du Petit Robert fait appel à la notion de « physiologie » — ensemble des processus biologiques —, celle de l'OMS fait appel à la notion de « bien-être » — ensemble des interactions harmonieuses entre le corps, le mental et la société. Il y a là une nuance sémantique importante. La définition de l'OMS fait glisser la santé dans le champ de la normalisation : être en santé est l'état normal du corps dans une symbiose physique/mental. Alors, si le bien-être est un état normal, donc toutes maladies ou infirmités sont des défauts qu'il faut corriger — être gros = malade. À remarquer également que le Petit Robert utilise le verbe « avoir », tandis que l'OMS emploie le verbe « être ». Dans un cas, l'individu « a » la santé, dans l'autre il « est » en santé — normatif. Alors qu'avant 1946 l'individu avait une vie (avoir), le voilà donc maintenant aux prises avec un mode de vie (être) et cette vision commence au sortir de la Seconde Guerre mondiale, alors que la production alimentaire

[85] Actes officiels de l'Organisation mondiale de la santé, *Préambule adopté par la Conférence internationale sur la Santé*, OMS, 1946, n°. 2, p. 100.

mondiale par habitant augmente de 25 % et les prix diminuent d'environ 40 %.

C'est à partir de ce moment que le complexe agroalimentaire fait la démonstration éclatante qu'il est possible d'éradiquer la faim dans le monde par une agriculture industrielle optimisée. C'est aussi le début d'une explosion démographique[86] mondiale sans précédent : une augmentation de plus de 63 millions d'individus par année entre 1960 et 1965 et de plus de 72 millions au début des années 1970. Entre 1900 et 1960, l'espérance de vie, aux États-Unis[87], passe de 49 à 70 ans. Un exploit ! On observe la même tendance dans tous les pays développés. Le but est maintenant d'augmenter cette espérance de vie, et pour y arriver, il n'est plus suffisant d'avoir simplement une vie comme auparavant, mais d'avoir une qualité de vie.

Les années 1950 et 1952 marquent deux autres dates importantes : trois études épidémiologiques majeures évoquent pour la première fois la possibilité d'un lien causal entre tabac et cancer du poumon. Morton Levin (1904-1995) affirme qu'il pourrait y avoir présence d'agents cancérigènes dans le tabac[88]. Ernest Wynder (1922-1999) et Evarts Graham (1883-1957), en se basant sur plus de 684 cas, démontrent qu'il y a peut-être un facteur étiologique entre le fait de fumer et le cancer du poumon[89]. Deux ans plus tard, Bradford Hill (1897-1991) et son collègue Richard Doll (1912-2005), quant à eux, émettent l'hypothèse que les gros

[86] FAO (1995), *Grands thèmes de l'alimentation et de l'agriculture mondiale au début des années 90*, Agriculture mondiale : horizon 2010, 1995.
[87] Shrestha, L.B. (2006), *Life Expectancy in the United States*, CRS Report for Congress, Domestic Social Policy Division, August 16, p. 3.
[88] Levin, M.L., Goldstein, H., Gerhardt, P.R. (1950), « Cancer and Tobacco Smoking: A Preliminary Report », *Journal of the American Medical Association*, vol. 143, n° 4, p. 336-338.
[89] Wynder, E.L., Graham E.A. (1950), « Tobacco Smoking as a Possible Etiologic Factor in Bronchogenic Carcinoma: A Study of 684 Proved Cases », *Journal of the American Medical Association*, vol. 143, n° 4, p. 329-336.

fumeurs ont un risque accru de 25 % par rapport aux non-fumeurs de développer un cancer du poumon[90]. Lorsque le Ministère de la Santé du Royaume-Uni prend connaissance de leur étude, le comité consultatif conseille alors au gouvernement de ne rien faire en affirmant qu'il n'existe pas de preuves suffisantes pour établir un lien direct de cause à effet entre tabagisme et cancer.

En juillet et août 1957, le grand public prend massivement connaissance du problème du tabac, alors que le magazine Reader's Digest publie coup sur coup deux articles faisant état d'un lien clair entre le fait de fumer et le cancer du poumon[91]. Il dévoile également que les niveaux[92] de goudron et de nicotine des cigarettes à bouts filtres ont largement augmenté depuis les années précédentes — ils se situent dorénavant presque au même niveau que les cigarettes ne comportant pas de filtre. Autre point à considérer, car il démontre la montée de l'intérêt du grand public pour les questions de santé, sur une période de 33 ans, entre 1924 et 1957, le Reader's Digest n'aura publié que 21 articles à propos des méfaits du tabac, alors qu'entre 1957 et 1971, soit sur une période de 14 ans, il en aura publié plus de 34. La notion de qualité de vie commence à se répandre.

Les années 1960 sont également un terreau fertile pour toutes les nouvelles idées touchant de près ou de loin à la qualité de vie. En 1962, la biologiste Rachel Carson publie le livre *Silent Spring* dans lequel elle dénonce l'utilisation à grande échelle des pesticides, un succès de librairie qui sensibilisera la population américaine aux problèmes environnementaux. Dans la foulée, suivra la création de Greenpeace et du World Wide Fund for Nature où

[90] Doll, R., Hill, B. (1952), *Study of the Aetiology of Carcinoma of the Lung*, «British Medical Journal», vol. 2, p.1071.
[91] Miller, L.M., Monahan, J. (1957), *The Facts Behind Filter-Tip Cigarettes*, «Reader's Digest», July, p. 33-39.
[92] Miller, L.M., Monahan, J. (1957), *Wanted — and Available — Filter-Tips that Really Filter*, August, p. 43-49.

le citoyen est désormais préoccupé d'environnement parce que sa santé est en cause. En 1964, sous la gouverne du président américain Lyndon B. Johnson qui affirme qu'il ne suffit plus de se préoccuper de la quantité d'articles et de biens de consommation disponibles, mais aussi de qualité de vie, l'idée prend un tournant politique. En 1967, le président Johnson récidive dans un discours à la nation en affirmant que les objectifs de sa présidence ne peuvent plus uniquement se mesurer en termes économiques et financiers, mais bel et bien en termes de qualité de vie. Le concept était définitivement lancé, il fallait maintenant le mesurer et le quantifier, et c'est ce que feront, en 1967, le chercheur Raymond A. Bauer (1916-1977) et son équipe en publiant *Social Indicators*[93], un livre qui fera autorité en la matière. Les auteurs démontrent alors que les indicateurs économiques classiques sont tout à fait inadéquats pour rendre compte de la notion de qualité de vie et font alors entrer dans l'équation des paramètres sociaux, culturels, économiques et environnementaux. Il s'agit d'une véritable révolution intellectuelle et sociale : avoir une bonne qualité de vie devient un idéal à atteindre. La question que se posent maintenant les gens est de savoir comment il est possible d'atteindre une bonne qualité de vie. Et la réponse est simple : en adoptant un mode de vie sain. Mais en quoi consiste au juste un mode de vie sain ? La réponse viendra tout d'abord du milieu sportif et militaire.

Dès 1969, un représentant de l'American Heart Association s'inquiète de la popularité croissante du jogging : « Nous sommes en faveur de la pratique du jogging, pourvu que les joggeurs soient examinés par un médecin et qu'ils respectent ses conseils et recommandations concernant la fréquence et l'intensité de l'exercice[94]. » Au début des années 1970, la littérature

[93] Bauer, R.A. (1966), *Social Indicators*, Cambridge : MIT Press.
[94] U.S. News and World Report (1967), *Jogging for Heart and Health : It's Catching On*, p. 49.

médicale recommande tout particulièrement que la personne qui désire s'adonner au jogging subisse un bilan de santé complet, incluant prises de sang, analyse du taux de cholestérol, évaluation physiologique générale, rayons X de la poitrine, électrocardiogramme et un test à l'effort sur tapis roulant pour tous les hommes âgés de plus de 35 ans[95], alors que rien n'étayait vraiment la nécessité de se soumettre à une telle batterie de tests. À l'inverse, une autre littérature médicale fait particulièrement montre de scepticisme relativement au fait que le jogging pourrait éventuellement prévenir la crise cardiaque. Même l'un des principaux chercheurs de la Framinghan Study, William Kannel, s'interroge sur la validité de cette affirmation et suggère que de solides études cliniques devraient être préalablement effectuées avant de se prononcer définitivement sur le sujet[96]. Par la suite, tout au cours des années 1970, le débat fera rage dans la communauté scientifique à savoir si oui ou non le jogging est bénéfique pour la santé. Les arguments passeront de l'idée que courir un marathon confère l'immunité cardiovasculaire, à celle que jogger ralentit d'autant le processus du vieillissement, à celle que jogger empêche le développement de l'athérosclérose, jusqu'à ce que des autopsies pratiquées sur quatre marathoniens révèlent, en 1979, la présence d'athérosclérose coronarienne[97].

À la fin des années 1970, au moment où plus de 15 à 25 millions de personnes pratiquent le jogging aux États-Unis[98], où il y a de plus en plus de faits et de preuves que l'exercice contribue à améliorer la santé cardiovasculaire, où les médecins sont de

[95] Merriman, J. (1978), *Exercise Prescription for Apparently Healthy Individuals and for Cardiac Patients*, «Exercise and the Heart», p. 81-92.
[96] Kannel, W. (1970), *Physical Exercise and Lethal Arteriosclerosis Disease*, «New England Journal of Medicine», 14 May, p. 1153-1154.
[97] Noakes, T. et al. (1979), *Autopsy-Proved Coronary Atherosclerosis in Marathon Runners*, «New England Journal of Medicine», vol. 301, July, p. 86-89.
[98] Liles, R. (1979), *op. cit.*

plus en plus impliqués dans la prévention de la santé, la mouvance prend un virage qui redéfinira systématiquement la relation à l'exercice : il ne s'agit plus de courir pour être en santé, mais de courir pour son bien-être.

Un sondage Harris mené en 1979 révèle que 37 % des gens interrogés s'adonnent régulièrement à une quelconque activité physique. Comparativement à d'autres sondages antérieurs, celui-ci a mis en évidence que la clientèle pratiquant le jogging s'était également transformée. Initialement pratiqué dans les années 1960 des hommes d'affaires dans la quarantaine, ce sont maintenant les jeunes adultes et les femmes des classes sociales plus aisées qui rejoignent désormais les rangs des adeptes ; alors que seulement 24 % des gens gagnant moins de 7 000 $ annuellement s'adonnaient à la pratique, plus de 56 % de ceux ayant des revenus excédant 25 000 $ s'y adonnaient[99] dorénavant. Les données recueillies en 1980 lors de l'inscription au *Peachtree Road Race*, quant à elles, révèlent que 84 % des coureurs détenaient un diplôme de niveau collégial et que les hommes autant que les femmes étaient cadres d'entreprises. Le jogging et l'intérêt pour l'exercice étaient donc le fait d'une classe sociale aisée. Comme le remarque Muriel R. Gillick,

> « Dans les années 1960, le jogging a non seulement été considéré par les politiciens et les gens d'affaires comme un moyen d'améliorer leur santé cardiovasculaire, mais a également été perçu comme le fait d'améliorer leur qualité de vie, le tout premier pas vers le renouvellement spirituel d'une Amérique alors en crise — guerre du Viêtnam, scandale du Watergate. Au cours des années 1970, l'exercice est apparu aux plus jeunes générations comme un moyen efficace d'améliorer leurs facultés intellectuelles. Mais

[99] Thomas, B. et al. (1981), *Exercise and Health*, Cambridge : Oelgeschlager, Gunn and Hain, p. 11.

> pour certains nouveaux adeptes, l'exercice a pris une dimension beaucoup plus importante, celle qui transcende l'individu lui-même [... Et] comme le disait le célèbre joggeur américain Jim Fixx, de submerger son ego dans ce qui peut être considéré comme quelque chose de plus grand que soi-même[100]. »

Pour sa part, l'alimentation n'échappera pas à la mouvance de la qualité de vie. Vers 1960, après la publication des premiers résultats de la célèbre Framingham Study mettant en cause comme source de maladies les habitudes de vie malsaines (tabagisme, nourriture riche en lipides, sédentarité)[101], suivie par la publication de plusieurs autres études menées sur le cholestérol conjointement menées par l'industrie de la margarine et les médias, non seulement se répandra l'idée que le beurre et les œufs sont mauvais pour la santé[102], mais sera surtout mis en lumière le fait que la santé est avant tout une question de responsabilité personnelle : retour donc à la case départ après plus de soixante ans de triomphes consécutifs attribués à la science et à la médecine. Cette résurgence de la responsabilité personnelle peut s'expliquer de différentes façons : une mouvance citoyenne cherchant à retirer à l'institution médicale son contrôle sur la santé[103] ; une stratégie politique menée conjointement avec l'industrie de la santé pour distraire le citoyen d'enjeux politiques

[100] Gillick, M.R. (1984), *op. cit.*, p. 380.
[101] Kannel, W., Gordon, T. (1968), *The Framingham Study*, Washington D.C. : U.S. Government Printing Office.
[102] Dupré, R. (1999), "*If It's Yellow, It Must be Butter*": *Margarine Regulation in North America Since 1886*, «The Journal of Economic History», Cambridge : Cambridge University Press, vol. 59, n° 2, June, p. 353-371.
[103] Fox, R. (1977), *The Medicalization and Demedicalization of American Society*, «Doing Better and Feeling Worse», ed. J. Knowles, New York : W.W. Norton & Co., p. 9-22.

plus fondamentaux[104] ; une démarche globale initiée par des campagnes de santé publique[105].

La montée de la mouvance santé à partir des années 1960 a ceci d'intéressant qu'elle n'a pas pour origine directe les recommandations fondées sur des données scientifiques avérées, mais bien plutôt à partir de discipline hors du champ strictement médical, dont le sport et l'entraînement militaire[106]. L'adéquation qui est alors établie à l'époque postule que si les sportifs et les militaires sont généralement des gens en excellente santé, c'est parce qu'ils sont au summum de leur condition physique et que cette excellente condition physique relève de la pratique assidue d'une quelconque activité physique[107] : c'est la naissance de l'activité physique considérée comme pratique prophylactique. Et c'est justement là où réside tout l'intérêt de cet engouement : malgré le peu de données scientifiques pour étayer les affirmations, l'activité physique a pris d'assaut le grand public. Ce n'est que par la suite, après que le mouvement ait gagné en popularité auprès de millions de gens[108-109], que les chercheurs et les médecins commenceront à s'y intéresser, que se définira un tout nouvel axe de recherche, celui du rôle de l'exercice dans sa capacité à circonvenir la crise cardiaque. Cet engouement, s'il n'est pas d'origine scientifique, doit forcément avoir une autre dimension,

---

[104] Crawford, R. (1979), *Individual Responsibility and Health Politics in the 1970's*, «Health Care in AmericaX, eds. S. Reverby and D. Rosner, Philadelphia : Temple University Press, p. 247-268.

[105] Belloc, N., Breslow, L. (1972), *Relationship of Health Status and Health Practices*, «Preventive Medicine», vol. 11, August, p. 409-421.

[106] Gillick, M.R. (1984), *Health Promotion, Jogging and the Pursuit of Moral Life*, «Journal of Health Politics», vol. 9, n° 3, Duke University : Department of Health Administration, p. 371.

[107] *Idem.*

[108] Liles, R. (1979), *To Jog or not to Jog: The Pains and the Pleasures*, Goodhouse Keeping, April, p. 1888.

[109] Maslow, J. (1978), *Jogging Mania - Enough Already !*, Saturday Review, June 10, p. 46.

peut-être de l'ordre du social, peut-être dans cette éternelle volonté d'améliorer sa propre condition, mais peut-être aussi et avant tout dans ce passage d'avoir la santé, à celle d'être en santé, à celle d'avoir une bonne qualité de vie, à celle d'éprouver du bien-être, ultime destination de l'individu en santé.

Faisant écho à cet engouement pour l'activité physique et la saine alimentation, de plus en plus d'Américains commencent à considérer que la science et la médecine ne contribueraient pas seulement aux problèmes de santé, mais contribueraient également à engendrer une confusion toujours plus grande en regard de ces mêmes problèmes de santé. Pour le chercheur Michael S. Goldstein,

> « Cette idée voulant que la science et la technologie améliorent inévitablement nos vies a été attaquée de toutes parts après l'explosion de la première bombe atomique. Plus récemment, les accidents survenus dans les centrales nucléaires de Three Miles Island et de Tchernobyl, tout comme la pollution récurrente de l'air et de l'eau, nous rappellent que même l'utilisation pacifique des technologies peut être dangereuse[110]. »

En fonction de telle ou telle étude scientifique, les téléphones portables peuvent ou non causer le cancer ; l'alcool peut ou non être bénéfique pour la santé ; les crèmes solaires peuvent ou non protéger contre le développement du cancer de la peau ; la margarine peut ou non être meilleure que le beurre pour la santé ; les hormones de remplacement réduisent à la fois les symptômes liés à la ménopause et les risques de développer une ostéoporose, ou bien sont susceptibles d'augmenter les risques de problèmes cardiaques ou de cancer du sein ; les médicaments anti-inflammatoires soulagent efficacement la douleur, mais entraînent une

[110] Goldstein, M.S. (1992), *The Health Movement: Promoting Fitness in America*, New York: Twayne.

augmentation de la pression artérielle ; les statines réduisent le taux de mauvais cholestérol dans le sang (LDL), mais causent des problèmes circulatoires et musculaires.

La confiance qui prévalait envers la médecine et la science a fortement été érodée tout au cours du XXe siècle et a même été remplacée, dans certains cas, par un fort scepticisme, parfois même par de l'hostilité, laissant une certaine place à tout un courant de médecines douces et alternatives. Et ce désenchantement envers la médecine officielle n'est pas une vue de l'esprit. Blendon et Benson ont montré que la confiance des Américains envers les spécialistes de la santé avait fondu de 73 % qu'elle était en 1966 à 44 % en 2000[111]. Une méta-analyse, portant sur trois grandes enquêtes nationales cherchant à mesurer le niveau de confiance des citoyens américains envers la profession médicale a mis en lumière le fait que « sur une période de plus de trente ans, l'institution médicale américaine est passée de celle la plus fiable et crédible de toutes les grandes institutions nationales à celle de la moins fiable et la moins crédible[112]. » Finalement, en 2000, l'Institut de Médecine de l'Académie Nationale des Sciences a relevé que plus des 98 000 décès annuels survenus en milieu hospitalier au cours des dix dernières années avaient eu pour cause des erreurs médicales dues à l'incompétence et à la négligence professionnelle[113].

Une autre grande idée traverse également tout le XXe siècle aux États-Unis : protéger l'individu de lui-même, de ses comportements irresponsables, de ses abus et de ses excès. Même s'il est présumé que l'individu a un devoir de contenance de soi et

[111] Blendon, R.J., Benson, J.M. (2001), *Americans' Views on Health Policy: A Fifty-Year Historical Perspective*, «Health Affairs», March–April, p. 33-46.
[112] Schlesinger, M. (2002), *A Loss of Faith: The Sources of Reduced Political Legitimacy for the American Medical Profession*, «Milbank Quarterly», vol 80, n° 2. p. 185–235.
[113] Pear, R (2000), *Clinton to Order Steps to Reduce Medical Mistakes*, New York Times, February 22, p. A15.

de gouvernance de soi, force est de constater que tous n'y souscrivent pas de la même façon. Faut-il ici préciser que la contenance de soi n'est pas une norme à laquelle l'individu doit adhérer, puisqu'elle relève beaucoup plus d'une question de choix qu'autrement, c'est-à-dire de trouver un juste équilibre entre consommation et discipline. Deux stratégies seront donc adoptées pour amener les gens à faire des choix judicieux : des campagnes de santé publique et des législations.

D'une part, les campagnes de santé publique, menées de front autant par l'État, que les médias, que les entreprises, éduqueront les individus à faire des choix éclairés. C'est la grande idée de l'autonomie à l'américaine : rendre l'individu capable de saisir des opportunités tout en lui fournissant les outils pour le faire, sans pour autant l'y obliger. Et ces choix éclairés passeront forcément par l'adoption d'un mode vie de sain. Tout au cours du XXe siècle, les Américains auront accès à une multitude de conseils concernant non pas la santé, mais leur santé. Car c'est bien de la santé de chaque individu, à l'aune de la contenance de soi et de la gouvernance de soi, dont il est question aux États-Unis. Les maisons d'édition s'empareront de ce marché lucratif à travers des livres traitant soit de méthodes pour améliorer la santé, soit de conseils pour éviter d'être malades. Les médias de masse, par l'intermédiaire de magazines grand public, inonderont leurs pages et leurs chroniques de conseils santé. Les entrepreneurs, quant à eux, sauront profiter de ce marché en pleine émergence en proposant, soit des régimes, soit des techniques ou des appareils pour perdre du poids.

D'autre part, des législations sont mises en place, car tous ne participent pas de la même façon à la contenance de soi et à la gouvernance de soi. La question se pose alors en ces termes : « *Si l'individu n'assume pas sa propre responsabilité envers lui-même, qu'est-ce que l'État peut faire pour y remédier, car ne pas y remédier serait porter atteinte à l'ordre social et à la stabilité de la société ?* » Il est plausible de penser que c'est sur ces bases que les États-Unis, comme bien d'autres pays d'ailleurs, adopteront différentes législations : ceinture de sécurité ; avertissements sur les paquets de cigarettes ; niveau d'alcool autorisé pour conduire un véhicule ; restrictions imposées à la publicité de certains produits ; fiche nutritionnelle imprimée sur l'emballage des aliments ; révisions des programmes d'éducation physique et d'éducation sexuelle ; retrait de la malbouffe dans les cafétérias des écoles ; retrait des distributeurs automatiques de sodas dans les lieux publics ; surtaxes sur les sodas et les aliments jugés néfastes pour la santé ; affichage de la valeur nutritionnelle des repas offerts dans les restaurants et dans l'industrie de la restauration rapide.

L'entreprise privée participe également à cette vaste démarche d'incitatifs visant à adopter un mode de vie sain. Les compagnies d'assurance accordent des rabais aux non-fumeurs et augmentent les primes d'assurance-vie pour les personnes excédant un certain seuil de poids. Le complexe agroalimentaire s'associe à des organismes publics reconnus, affiche sur certains produits les logos de ces derniers et propose toute une gamme de produits allégés ou ajoutés d'Omega-3, d'antioxydants et de fibres. Certains employeurs exigent que leurs employés maintiennent une bonne santé en mettant à leur disposition, soit des cafétérias santé, soit des salles d'entraînement, soit des réductions sur l'achat d'équipement sportif, soit des réductions dans des centres de ski ou des gymnases privés. D'autres employeurs exigent un certificat santé, non seulement pour le maintien en l'emploi, mais aussi pour avoir accès à certains bénéfices marginaux ou programmes d'assurance-vie ou médicale. Par exemple, la société CNN n'engage aucun fumeur. Quant à elles, les entreprises U-Haul et Hershey Food Corporation augmentent de façon significative, pour les personnes en surpoids ou obèses, la part de la prime d'assurance-vie à payer qui est dévolue à l'employé[114]. En somme, entre le début et la fin du XXe siècle, les Américains ont convenu que, lorsque les choix, les comportements et les attitudes de certains sont susceptibles de porter atteinte aux autres, l'État a le devoir de limiter leur liberté pour garantir l'ordre social.

En parallèle de cette vision d'un corps perçu comme vecteur de menaces, en parallèle de cet investissement dans des pratiques visant la santé, il y a aussi cette autre vision qui conçoit le corps non pas seulement comme vecteur d'épanouissement comme au XVIIIe siècle ou comme vecteur de positionnement social comme au XIXe siècle, mais bel et bien comme vecteur d'identification ultime à soi. Dans la foulée de cette vision, la chirurgie esthétique (liposuccion, augmentation mammaire, Botox), la nutrition (produits allégés, suppléments alimentaires, nutraceutiques) l'exercice (body building, fitness, sports extrêmes, jogging, cyclisme, trekking, plein air, aquaforme), la psychothérapie et le coaching (PNL, biologie totale, rolfing, analyse transactionnelle), les crèmes rajeunissantes et les hormones de croissance, tout comme les produits naturels, contribueront à l'édification de cette construction de la corporéité. Pour y parvenir, les gens seront exhortés, entre le début et la fin du XXe siècle, à adopter une saine alimentation, à consommer modérément de l'alcool, à bouger plus et à perdre du poids. Tout au cours du XXe siècle, une vision de la santé et du corps se structure qui prendra d'assaut tous les pays industrialisés, celle d'une certaine rectitude santé qui, à l'image même de la rectitude politique, définira des attitudes et des comportements préventifs que doit adopter un individu pour éviter la dégénérescence du corps.

[114] Leichter, H.M., Brandt, A.M. (1997), *Lifestyle Correctness and the New Secular Morality*, «Morality and Health», New York: Routledge, p. 362.

C'est la promesse qui est faite de vivre en santé de façon optimale jusqu'à un âge avancé, tant sur le plan physique qu'intellectuel, promesse dont s'empareront les transhumanistes.

Le corps, depuis la Renaissance, serait donc un vaste chantier de transformations, de réparations et de métamorphoses. En cette seconde décennie du XXIe siècle, ce dernier est toujours sous l'impulsion des trois grands courants élaborés au cours des XVe et XVIe siècles, à savoir un corps de justes proportions, un corps réparable à volonté, un corps malléable qu'il serait possible de façonner selon ses désirs. Plus que jamais, ce chantier est sous le magistère d'une idéologie fédératrice, celle de la contenance de soi et de la gouvernance de soi. Depuis le milieu du XIXe siècle, des techniques et des technologies ont non seulement permis le déploiement systématique de l'idéologie fédératrice, mais ont également permis à l'individu de se quantifier. Avec les XXe et XXIe siècles, les nouvelles techniques et technologies permettront le déploiement de l'idéologie fédératrice à une échelle jusqu'ici inédite, faisant du corps à la fois un projet personnel et un projet de société. Au total, cinq idées structurantes, entre la Renaissance et le XIXe siècle, ressortiront et conditionneront le corps des XXe et XXIe siècles.

Premièrement, l'idée que le corps puisse être refaçonné, modifié et transformé, et qu'il soit possible d'y arriver par la gymnastique, car l'exercice serait, et de loin, préférable aux médicaments ; dès lors, la gymnastique ne se donnera jamais comme finalité, à savoir, un corps achevé une fois pour toutes, mais bel et bien un corps dans un devenir constant qu'il faudrait atteindre.

Deuxièmement, tout concourt à faire du corps un outil d'émancipation personnelle, et c'est là une idée porteuse qui trouvera son apogée au XXIe siècle à travers tout le courant de l'activité physique et du fitness voulant qu'un corps en santé est gage d'une vie heureuse et garante du bonheur.

Troisièmement, la sobriété, la retenue et la modération en tout sont désormais au cœur même des démarches pour obtenir un corps en santé et la conserver. Ce faisant, l'individu, qui s'applique à mettre en œuvre tout ce qu'il faut pour être en santé et le demeurer à travers l'activité physique et la modération, répond aux quatre devoirs auxquels il est convié, à savoir le devoir d'équilibre, le devoir d'attention, le devoir d'effort le devoir de maîtrise et de restriction. Et du moment où l'individu arrive à trouver ce juste équilibre du corps (le corps versus l'âme ; la santé naturellement donnée versus la santé acquise ; la modération versus l'excès ; la mollesse versus la vigueur) qui devrait survenir du moment où il met tout ce programme en application, devient, par la force des choses, un individu qui participe au maintien de l'ordre social, car par son seul gouvernement de soi il montre aussi aux autres comment se gouverner, d'où cette gouvernance de soi collective. C'est donc sur cette idéologie fédératrice, le gouvernement de soi (contenance de soi et gouvernance de soi) que s'articuleront toutes les interventions à déployer sur le corps.

Quatrièmement, au XVIIIe siècle, il y a cette idée voulant que le corps peut s'autoréguler et s'autoréparer. En somme, le corps n'est plus tout à fait cet instrument passif du XVIIe siècle, il est désormais actif, même dans ces mécanismes internes. Il ne s'agit donc pas d'un simple changement de degré dans le registre des déterminismes du corps par rapport aux siècles précédents, mais bel et bien d'un changement de registre à l'aune de la grande idée de l'individu autonome et maître de lui-même du Siècle des Lumières. Il s'agit d'une toute nouvelle position épistémique pour l'individu autonome qui aura des répercussions profondes sur toute la société du XVIIIe siècle dont les échos sont encore audibles aujourd'hui à travers toutes les interventions à déployer sur le corps et également à travers tout le mouvement de croissance personnelle et d'autonomisation systématique de l'individu. Il est donc conséquemment exigé du corps dynamisme, vigueur, réactivité et flexibilité, et c'est bien ce que préfigure le XVIIIe siècle pour le futur, c'est-à-dire, la suggestion faite à l'individu de transformer, améliorer, refaçonner et optimiser son corps. Il s'agit donc bien du programme des Lumières qui est ici souligné dans cette démarche : celle du corps réapproprié par chaque individu, le corps qui manifeste la personne, le corps qui n'a qu'à exprimer lui-même. La santé, la bonne condition physique, l'absence de souffrances morales ou physiologiques seraient donc les conditions de l'épanouissement de la personne. L'individu autonome est celui qui est donc en mesure d'agir sur les choses et les événements.

Cinquièmement, au XIXe siècle, pour la première fois, s'installent de véritables techniques et technologies qui permettront non seulement à l'idéologie fédératrice du gouvernement de soi de se déployer tous azimuts pour les siècles à venir, mais surtout de se départir de son aspect religieux qui avait été initié par la Réforme protestante. Concrètement, ce n'est que du moment où la dimension religieuse protestante du corps performant sera reléguée aux oubliettes, qu'il deviendra possible de faire passer le corps du magistère de la religion au magistère de la science. Ce passage est lourd de conséquences, car pour la première fois le corps devient totalement objectivable. Et si le corps devient objectivable, c'est qu'il peut être l'objet d'une multitude d'interventions qui permettent de l'inscrire dans une quête sans fin d'amélioration, d'où l'idée que la mort pourrait bien, au final, être outrepassée.

L'horizon de la peur

À partir de ce déploiement d'interventions tous azimuts sur le corps pour lui conserver la santé, l'horizon de la peur se rapproche de plus en plus, c'est-à-dire que chaque individu, dès qu'il se rend chez le médecin, peut se voir prescrire une batterie de tests de dépistage qui rapproche cet horizon de la peur face à sa propre condition de santé, car il sait fort bien que si le médecin lui révèle la condition exacte de son état de santé, rien ne lui garantit que la science médicale actuelle saura enrayer de la façon la plus efficace possible le mal dont il est porteur. Et il est là le nœud central du transhumanisme, car celui-ci promet que les technologies qui sont actuellement en développement et qui seront développées sous peu seront en mesure de régler les problèmes que les tests de dépistage auront identifiés, reculant d'autant l'horizon de la peur. Cœur

En l'espace de quelques décennies seulement, la médecine a non seulement modifié ses pratiques, mais profondément métamorphosé la vision de la vie et du corps, la relation entre le sain et le malsain, le normal et le pathologique, tout comme la vision d'un corps perfectible à volonté, mince, sans gras, beau, sculpté et musclé. L'exigence d'une santé à tout prix s'est graduellement substituée aux traitements des maladies. La santé est devenue une vaste entreprise économique de gestion du risque et de domestication de l'incertitude dans laquelle s'insèrent de nouveaux discours : consentement thérapeutique, bioéthique, prévention, nutrition, fitness, esthétique.

Tout d'abord, un problème : en matière de santé, paradoxalement, l'incroyable déploiement scientifique et technologique aujourd'hui disponible semble provoquer chez l'individu le sentiment d'une constante proximité avec les dangers à incidence pathologique (internes ou externes) : c'est l'horizon de la peur. C'est à partir de là que je propose une réflexion sur cette idée que, plus s'écoule le temps, plus l'aventure du corps se dessine sur un fond d'incertitudes croissantes rapprochant de plus en plus l'individu d'un certain horizon de la peur quasi mesurable. L'idée est la suivante : le registre actuel du rapport du sain au malsain, en pleine mutation, conduirait à l'idée d'un effacement du corps trop encombrant, car vecteur d'une multitude d'incertitudes trop rapprochées, difficilement maîtrisables et peut-être même incontrôlables. L'hypothèse, loin d'être banale, mérite considération, car elle fonde tout le courant transhumaniste. Et elle se comprend encore mieux dans une perspective où elle est un ensemble de convergences expliquées et articulées autour d'une idée centrale depuis la Renaissance : la domestication de l'incertitude, au sens de la maîtrise familière issue du côtoiement de l'obsession sécuritaire.

Partant de là, mon hypothèse de travail à ce sujet suppose que l'horizon de la peur en matière de santé est le fait d'un processus hygiéniste par lequel l'individu et les institutions publiques cherchent, d'une part, à sécuriser les lieux (espaces), les comportements et les corps à incidence pathologique, et d'autre part, à normer, surveiller, enregistrer, évaluer, traiter et contrôler le comportement des gens, leur corps, les objets et les événements dans le but de gouverner la santé des populations. Ce processus hygiéniste serait fondé sur le rapport d'un fragile équilibre entre, d'une part, le niveau d'aversion naturelle de l'être humain envers la variabilité et l'incertitude, et d'autre part, le niveau d'inclination de l'être humain envers la stabilité et la certitude.

$$\text{Horizon de la peur} = \frac{\text{Niveau d'aversion (Variabilité, Incertitude)}}{\text{Niveau d'inclination (Stabilité, Certitude)}}$$

Ce rapport déterminerait ainsi un certain horizon de la peur. En découlerait par la suite un ensemble de valeurs structurées sous forme de discours hygiéniste en fonction de cet horizon de la peur, et c'est bien dans cet horizon de la peur que s'inscrit le discours hygiéniste contemporain qui oppose comportements sains (attitudes et comportements à adopter pour se prémunir contre la variabilité et l'incertitude) et comportements malsains (attitudes et comportements à éviter pour ne pas être affecté par la variabilité et l'incertitude). La finalité de ce discours hygiéniste se traduit par la recherche d'une stabilité structurelle pour la société, autrement dit, une vaste entreprise de domestication collective de l'incertitude.

La promesse transhumaniste

La Framingham Heart Study est un pivot central en ce qui concerne l'horizon de la peur avec l'arrivée de l'enquête prospective de cohorte : récolter un grand nombre de données statistiques ; développer des outils permettant d'exploiter adéquatement les données ; connaître le taux de prévalence et d'incidence des maladies coronariennes ; effectuer une classification nosologique de ces maladies ; mettre en œuvre des programmes de dépistage ; mener des études de morbidité dans des populations délimitées ; identifier le rôle du dépôt de cholestérol dans le développement de l'athérosclérose ; considérer désormais que ces maladies ne sont pas dues au vieillissement, mais qu'elles sont bel et bien dégénératives. Cette convergence a conduit à inventer un concept ou mot-clé, *facteur de risque*, qui sera fédérateur pour le mythe du transhumanisme. De ce concept central, découlera non seulement tout un vocabulaire qui sera accessible à la plus large population possible —qui fera en sorte de convaincre les gens que le moindre comportement déviant ou la moindre alimentation déviante est susceptible d'affecter la santé —, mais rendra également possible un déploiement sans précédent d'interventions à mener sur le corps afin d'empêcher d'autant que le facteur de risque se manifeste. Et c'est là où intervient le transhumanisme.

Depuis la Renaissance, deux grands mythes ont structuré tous les discours à propos du corps jusqu'à aujourd'hui : *amélioration* et *efficacité*[115]. Et c'est bien ce que promet le transhuma-

[115] Fraser, P. (2015), *Les conditions d'émergence de la lutte contre l'obésité*, Thèse de doctorat sous la direction de Simon Langlois, Université Laval, URL : https://corpus.ulaval.ca/jspui/handle/20.500.11794/26807.

nisme, un corps amélioré, augmenté et efficace qui aura la capacité de vivre dans un état de santé optimal jusqu'à un âge très avancé, tant sur le plan physique que mental. Autrement dit, ni plus ni moins qu'un Avenir radieux pour le corps, mais il ne faut pas oublier que promettre, c'est aussi détenir le pouvoir de réaliser, de rendre réelle une chose possible, puisque la promesse ouvre la voie, par la voix de celui qui promet, à quelque chose de meilleur. Et ce quelque chose de meilleur que promet le transhumanisme pour le corps dispose déjà d'une solide base technique et technologique que les XXe et XXIe siècles ont développé et qui ont permis à l'idéologie fédératrice du gouvernement de soi de s'ancrer profondément dans l'imaginaire collectif. Il y a ici, et je tiens à le souligner, un point de non-retour, c'est-à-dire que le corps est non seulement irrémédiablement au cœur de toute la pensée transhumaniste, mais déjà surtout au cœur de notre société. En fait, le transhumanisme n'est que le prolongement du programme que la Renaissance a imaginé pour le corps et qui a été fédéré par l'idéologie du gouvernement de soi (contenance de soi et gouvernance de soi).

Si le transhumanisme promet que les technologies qui sont actuellement en développement et qui seront développées sous peu seront en mesure de régler les problèmes que les tests de dépistages auront identifiés, reculant d'autant l'horizon de la peur, est-ce que cela garantit pour autant que les promesses seront tenues ? En fait, oui et non. Oui, dans le sens où le transhumanisme peut promettre tout ce qu'il veut promettre, car les nanotechnologies, les biotechnologies, les neurotechnologies, la bioinformatique, la génétique, la génomique, les sciences cognitives et l'intelligence artificielle promettent énormément. Non, dans le sens où promettre ne signifie pas *de facto* une réalité concrète dans un présent immédiat ou un avenir rapproché, ce qui fait en sorte que toutes les techniques et technologies qui arrivent à détecter une foule de problèmes potentiels que recèle le corps ne peuvent que les détecter et non les régler. De là, un horizon de la peur qui se rapproche constamment et inéluctablement de l'individu.

Et c'est là où joue toute la magie de ce mythe technoscientifique qu'est le transhumanisme, c'est-à-dire sa capacité à créer un paradoxal équilibre entre horizon de la peur et promesses enchantées pour le corps. Autrement dit, le transhumanisme promet tant, les résultats des techniques et des technologies actuellement en développement sont tellement éclatants, qu'il n'y a aucune raison de croire qu'il ne sera pas possible d'améliorer le corps, de l'augmenter et de le rendre plus efficace. Je rappelle au lecteur que l'un des principaux facteurs de succès d'un mythe technoscientifique tient par sa capacité à prédire de nombreux événements observables : *dans un contexte X, si des mesures Y sont appliquées, des résultats attendus Z seront observables*. Par exemple, en médecine, les algorithmes d'intelligence artificielle permettent non seulement de repérer des anomalies bien précises à partir d'images fournies par les technologies propres à l'imagerie médicale, mais elles sont aussi capables d'assister aussi bien le médecin dans son diagnostic que le chirurgien dans sa pratique.

Donc, étant donné qu'un mythe technoscientifique possède une capacité particulièrement étonnante à prédire, ceci fait en sorte que l'horizon de la peur que les techniques et technologies de dépistage ont de plus en plus rapproché de l'individu, contrebalancent la crainte de cet horizon de la peur. Il faut maintenant comprendre en quoi consiste cet horizon de la peur pour saisir toute l'ampleur de la démarche transhumaniste, car l'horizon de la peur est également un invariant historique qui traverse toutes les époques. D'ailleurs, le parcours de la protection de soi, depuis le Moyen-Âge jusqu'à aujourd'hui, se cale dans des finalités fort différentes en fonction des époques, des savoirs disponibles et des pratiques médicales en vigueur. Au Moyen-Âge, il s'agit de repousser le mal, sous toutes ses formes, y compris magiques. À la Renaissance, il s'agit d'isoler le mal en établissant des frontières physiques. Au XVIIIe siècle, il s'agit de prévenir le mal en mettant en avant un ensemble de pratiques prophylactiques. Au XIXe siècle, avec l'arrivée de la médecine clinique, il s'agit désormais de maîtriser le mal à la source. Au XXe siècle, il s'agit non plus de maîtriser uniquement le mal à la source, mais aussi de l'éradiquer autant que faire se peut. Au XXIe siècle, la volonté est claire : il faut transcender le mal, le dépister, le traquer dans le gène, l'éviter de s'exprimer et de se manifester : le surhumain annoncé par Nietzsche prend lentement forme dans les laboratoires du transhumanisme, car les transhumanistes ont la peur de la mort chevillée au corps.

Le corps comme ultime destination

L'**autonomie de soi** est une condition essentielle de l'ultime identification au corps et l'idéologie du gouvernement de soi y a largement pourvu. Appuyée par des techniques de **quantification de soi** efficaces en toutes choses (pèse-personne, IMC, tensiomètre, cardiomètre, tests de dépistage, tests génétiques, imagerie médicale, etc.), le **gouvernement de soi** a été déployé à grande échelle tant au niveau de l'individu que des institutions. De là, les institutions ont mis en place un modèle de **surveillance de soi** dont la finalité est de normer l'ensemble de tous les corps afin d'assurer l'ordre social. Cette surveillance de soi a été articulée autour de trois concepts clés : (i) la **protection de soi** ou l'ensemble des dispositifs de prévoyance collective et de protection que les institutions (médecine, santé publique) accordent aux individus pour les aider à conserver la santé ; (ii) la **prévention de soi** ou l'ensemble des mesures à déployer afin d'éviter que sa propre condition globale (sanitaire, sociale, environnementale ou économique) ne se dégrade, ou qu'un accident, une épidémie ou une maladie ne survienne ; (iii) l'**entretien de soi** ou l'ensemble des pratiques quotidiennes permettant de conserver le corps en bon état tels le régime alimentaire, l'activité physique, l'hygiène personnelle, l'entretien des lieux.

Depuis la Renaissance, trois invariants ont traversé toutes les époques : le corps de justes proportions avec le peintre Alberti ; le corps réparable avec le médecin Vésale ; le corps malléable à volonté avec l'éducateur physique Mercurialis. Ces trois invariants ont été fédérés, dès le début du

XVIIe siècle, par une idéologie structurante, celle de la contenance de soi et de la gouvernance de soi issues de la Réforme protestante et constituent une forme de gouvernement de soi. Ce faisant, le corps est à la fois un projet personnel et un projet de société, car chaque corps correctement gouverné signale aux autres qu'ils doivent se gouverner correctement, et qu'un ensemble de corps correctement gouvernés sont garants de l'ordre social. De là, la science, la médecine et la santé publique seront à même, avec leurs techniques, technologies et méthodes, d'inscrire le corps au centre même de toutes les préoccupations et d'en faire un horizon indépassable. À ce titre, il faut voir, comme je l'ai démontré au chapitre précédent, comment le corps est devenu le sujet de toutes les objectivations possibles. Cela étant précisé, il faut maintenant se demander pourquoi l'idée du transhumanisme est née aux États-Unis, pourquoi elle y a ses plus ardents partisans et pourquoi la recherche sur le vieillissement et la mort est l'objet de financements majeurs. Pour mener cette analyse, je m'appuierai sur cinq concepts qui viendront particulièrement soutenir et articuler la contenance de soi telle que nous la connaissons aujourd'hui : autonomie de soi ; quantification de soi ; surveillance de soi ; prévention de soi ; protection de soi.

L'autonomie de soi

Avec le Siècle des Lumières, une idée particulièrement porteuse émerge : l'individu autonome, architecte de sa vie et maître de son destin, c'est-à-dire l'autonomie de soi. Emmanuel Kant souligne d'ailleurs à ce sujet que l'individu éclairé, une fois libéré des chaînes du passé, est un être libre et totalement en possession de lui-même. Il s'agit là d'une toute nouvelle position épistémique qui aura des répercussions profondes sur toute la société du XVIIIe siècle dont les échos sont encore audibles aujourd'hui à travers toutes les interventions à déployer sur le corps et également à travers tout le mouvement de croissance personnelle et d'autonomisation systématique de l'individu. Tout le discours contemporain de l'individu autonome, pour sa part, viendra du philosophe américain Ralph Waldo Emerson : « L'entreprise américaine, à la différence des autres, entremêle l'accomplissement de soi personnel et commun[116]. » Le concept est simple : Dieu aide ceux qui s'aident eux-mêmes. C'est la confiance en soi prônée par Emerson. C'est la réconciliation de l'individu autonome avec le collectif. C'est la fusion du plus individuel et du plus commun : « la relation de l'individu à l'Amérique est directe, comme celle du croyant avec son Dieu ; il n'a pas besoin de ces institutions qui font la médiation entre le chacun et le commun[117]. » L'américain obtient en bloc sa réalité sociale. Emerson propose alors la notion de *self reliance* — l'appui sur soi qui permet d'agir — en affirmant : « Vous êtes l'expression de cet univers vaste et merveilleux. [...] Faites toutes ces choses avec sincérité et vous vous approcherez de ce que vous êtes vraiment, à savoir : une expression singulière de toute existence — un génie, un créateur, un rédempteur, un guérisseur, un enseignant, une force pour le bien dans le monde[118]. » D'ailleurs, le psaume 137 de l'Ancien Testament, si cher aux puritains, ne dit-il pas : « *Je confesse que je suis une vraie merveille, tes œuvres sont prodigieuses : oui, je le reconnais bien*[119] » ?

Pour Emerson, une seule condition s'impose : la personne fait l'événement et l'événement fait la personne. Une seule chose est sacrée : l'intégrité de son propre esprit. Un seul fondement de valeur pour l'individu : sa propre nature. Ces trois idées, à elles seules, représentent la base du système de valeurs américain, à savoir, oser être soi-même formulé par Kant un siècle plus tôt.

[116] Bercovtich, S. (1975), *The Puritan Origins of the American Self*, London : Yale University Press, p. 169.
[117] Ehrenberg, A. (2010), *op. cit.*, p. 54.
[118] Emerson, R.W. ([1841] 1993), *Self-Reliance and Other Essays*, Mineola, N.Y. : Dover Thrift Editions. (Notre traduction).
[119] Traduction française œcuménique de la Bible (TOB) parue en 1975-1976 effectuée en commun par des chrétiens de confession catholique et protestante.

Pour Emerson, la *self reliance* peut tout révolutionner : économie, politique, religion, éducation, relations humaines, objectifs personnels, modes de vie, etc. Cette façon de se concevoir en tant qu'individu implique que la médiation entre l'idéal et le réel, entre les valeurs et les faits, ne peut pas être gérée par les institutions. Elle ne peut être accomplie que par l'individu, d'où cette idée fortement ancrée chez les Américains voulant que les institutions soient suspectes, que l'État n'a pas à materner les individus. Autrement dit, il n'y a de domination que parce qu'il y a au moins un soumis. L'américain ne veut surtout pas être celui-là. Il veut être le premier non-soumis. Cette façon de se représenter n'est pas banale, car c'est bel et bien un programme social que propose le XIXe siècle : agir, mais agir de façon responsable.

L'individu est donc devenu autonome dans un État-nation autonome organisé autour de la sphère économique où l'intérêt individuel coïncide avec le bien-être général[120] — l'harmonie naturelle des intérêts. Conséquemment, la société industrielle moderne a provoqué non seulement l'autonomisation progressive de différentes sphères d'activité — conduisant chacune d'elle « à assumer une cohérence interne autosuffisante et à revendiquer une capacité cognitive et normative totale[121] » —, mais a aussi entraîné dans ce processus l'autonomisation de l'individu[122]. Formulé autrement, l'autonomisation de l'individu

---

[120] Alors que l'individu (*agency*) a la capacité de faire ses propres choix et de décider des comportements qu'il veut bien adopter, la structure (*structure*) se rapporte à ce qui détermine les interactions sociales (institutions, rôles) et les relations sociales (appartenance à une classe sociale, groupes, cercles d'amis, etc.). En somme, la communauté exerce un certain contrôle sur le comportement de chacun de ses membres (l'individu ne vit pas dans un vacuum social). Ici, le processus d'autonomisation de l'individu est à la fois la résultante de l'individu et de la structure.

[121] DUMONT Louis, VIBERT Stéphane (2004), *Holisme et modernité*, Paris, Éditions Michalon, p. 75.

[122] Si chaque sphère d'activité de la société dispose de propriétés d'autonomie, l'individu doit en disposer également (symétrie des positions). Ainsi, l'individu est autonome (il peut se gouverner lui-même) parce qu'il assume

commence tout d'abord par une mise à disposition des conditions collectives de base afin de lui permettre d'avoir la capacité ou non d'être autonome. Conséquemment, l'autonomisation de l'individu n'est possible qu'à travers deux principes d'égalité[123] : l'un, collectif, qui relève de la possibilité, l'autre, individuel, qui relève de la capacité[124]. Afin de rendre le citoyen américain totalement autonome, chaque individu doit donc avoir la possibilité d'accéder aux mêmes conditions collectives (processus collectif d'autonomisation) fournies par les institutions de l'État : protection sociale ; justice ; éducation ; santé.

Partant de là, chaque individu doit avoir la capacité d'accéder aux mêmes conditions individuelles d'autonomisation (processus individuel d'autonomisation) que tous les autres citoyens : capacité de l'individu à accéder, par l'intermédiaire d'une formation, à une activité qui lui assurera un revenu ; capacité de l'individu à donner une orientation à sa vie familiale, sociale, économique et professionnelle en fonction d'une certaine contingence, à savoir, le contexte social et les choix des autres ; capacité de l'individu à monter dans l'échelle sociale au cours de sa vie : mobilité sociale intragénérationnelle et intergénérationnelle ; capacité de l'individu à internaliser (faire siens) des problèmes externes (ex. fermeture d'usine) sur lesquels il n'a pas ou peu d'emprise ; capacité de l'individu à participer à un mouvement collectif (grève, solidarité communautaire, engagement dans un mouvement social) afin d'avoir une certaine emprise sur

---

sa propre cohérence interne autosuffisante, et que l'autonomie cognitive et normative qu'il revendique est commune à tous les autres individus aussi différenciés qu'ils soient.

[123] Le sociologue et chercheur Simon Langlois m'a particulièrement aidé à formuler ce à quoi pourrait ressembler une définition assez juste de la question de l'individu autonome.

[124] Ici, la notion de capacité se rapproche de celle développée par Amartya Sen : capacité d'une personne à être ou à faire quelque chose, à pouvoir choisir sa vie plutôt que la liberté négative.

des problèmes externes qu'il doit internaliser ; capacité pour un individu d'éviter de devenir un fardeau pour la communauté s'il est confronté à un problème interne (ex. maladie) ou externe (ex. fermeture d'usine) sur lequel il a ou non une emprise.

Aux États-Unis, lorsque ces deux conditions sont réunies, possibilités collectives et capacités individuelles, et que l'individu sait les saisir, il est considéré comme autonome, entrepreneur de lui-même, architecte de sa vie et maître de son destin. Au risque de me répéter, comme le disait le candidat démocrate défait en 1896, William Jennings Bryan, le destin n'est pas une affaire de chance, mais une question de choix. Dans le même ordre d'idées, dans son discours de 2006 aux étudiants de l'Université de Boston, le futur président Obama disait :

> « L'Amérique est un endroit incroyable — un pays bâti sur le fait d'être capable d'affronter l'adversité, de croire que rien n'est impossible. Et si je vous rappelle cela, c'est parce que vous vous apprêtez à vivre vos propres histoires de succès et de réussite. C'est maintenant à votre tour de vous comporter de cette façon, de garder vivante cette façon d'être, cette audace si propre au caractère de l'Amérique — peu importe l'endroit où vous êtes né, peu importe les revenus de vos parents, peu importe votre façon d'être, peu importe vos croyances, vous pouvez grandir de façon à devenir ce que vous voulez être ; maintenez le cap et vous réaliserez de grandes choses ; ne cessez jamais de poursuivre le bonheur auquel vous aspirez. »

Que faut-il décoder dans cette prestation verbale ? Il y a tout d'abord ces idées de liberté et de poursuite du bonheur énoncées dans la Déclaration d'indépendance des États-Unis par Thomas Jefferson : « Nous tenons ces vérités pour évidentes par elles-mêmes — que tous les hommes naissent égaux, que leur Créateur les a dotés de certains droits inaliénables, parmi lesquels la vie, la liberté et la recherche du bonheur [...]. » Cette portion de texte de la Déclaration d'indépendance est non seulement fondatrice de la société américaine, mais elle détermine ce en quoi consistent les trois piliers de ce que devrait être une société libre. Même plus, elles définissent le contrat social qui unit tous les Américains ; elles définissent l'*American Way*, elles définissent l'*American Dream*.

La Déclaration d'indépendance américaine s'inscrit donc avant tout dans une logique de liberté, non pas celle des grandes libertés collectives des siècles précédents sous domination monarchique, mais bien celle véhiculée par les philosophies du Siècle des Lumières, à savoir, celle de libertés individuelles, celle de l'individu souverain à la place du souverain, celle de l'individu architecte de sa vie et maître de son destin. Thomas Jefferson ne dira-t-il pas, à propos de la *Grande loi de l'Unité* des Iroquois : « Je suis convaincu que les sociétés indiennes qui vivent sans gouvernement jouissent globalement d'un degré de bonheur bien supérieur à ceux qui vivent sous les régimes européens » ? Concrètement, ce que Jefferson a fait, c'est de donner à son propos intitulé *Tous les Hommes sont créés égaux* une portée qui dépasse de loin le seul contexte nord-américain. Affirmer l'égalité entre tous les hommes, c'est aussi affirmer une loi naturelle universelle. Et les Américains, convaincus qu'il s'agit vraiment là de ce en quoi consiste une société libre, considéreront que toute société libre devrait être fondée sur ces trois piliers sociaux. Mais plus encore, il signale à tous les citoyens que vivre sans gouvernement est aussi une grande source de bonheur. Il y a peut-être là un début d'explication de l'irritation qu'éprouvent les Américains envers toute intervention étatique, envers le *Nanny State*, cet état surprotecteur qui interfère avec les choix personnels.

Quand on y regarde le moindrement de près, le droit à la vie, le droit à la liberté et le droit au bonheur du contrat social américain fondent la démarche de celui qui a la capacité d'affronter l'adversité, fondent la croyance voulant que tout est possible, et que celui qui le veut, par la force de sa simple volonté, peut arriver à ses fins et connaître le succès et la réussite. Tout ça n'est pas innocent. Il suffirait d'avoir de l'audace comme le précise Barack Obama, car nonobstant la condition sociale, nonobstant la croyance auquel un individu adhère, nonobstant l'origine ethnique, la liberté et le bonheur seraient accessibles à tous. Il suffirait de le vouloir. Et cette audace, au cœur du lien social qui lie tous les Américains, résonne dans les mots de Barack Obama :

> « Aujourd'hui, le rêve [de liberté américain] semble aller de soi — il est peut-être même cliché —, mais tout au cours de l'histoire de l'humanité il n'en a pas toujours été ainsi. En tant que serviteur de Rome, en tant que paysan Chinois, en tant que sujet du Roi Georges, les possibilités d'avoir un futur différent étaient pratiquement nulles. Peu importe la somme de travail que vous donniez, peu importe que vous vous battiez pour accéder à de meilleures conditions de vie, vous saviez que vous devriez passer le reste de votre vie à bâtir quelque chose pour quelqu'un d'autre, à vous sacrifier pour la cause de quelqu'un d'autre. »

L'Amérique serait donc cette terre promise où tout est possible. L'Amérique garantit que l'individu aura la capacité de bâtir quelque chose pour lui-même et qu'il n'aura qu'à se sacrifier pour lui-même. Même le soldat qui s'engage volontairement dans l'armée américaine, même le soldat qui est déployé sur un champ de bataille étranger, a la conviction qu'il vient y défendre les trois grandes valeurs sociales américaines fondatrices : le droit à la vie ; le droit à la liberté ; le droit au bonheur.

Le *rien n'est impossible* de l'Amérique est non seulement fondateur du mythe américain, il en est même le carburant. Prendre des risques, affronter l'adversité, c'est faire reculer les frontières de soi-même, c'est se réaliser, se transcender. À ce titre, l'exemple de Barack Obama est porteur de ce mythe :

> « Alors que je m'apprêtais à graduer, j'ai eu cette folle idée que je pourrais éventuellement être utile pour aider les gens des quartiers défavorisés. Alors que ma mère et mes grands-parents pensaient plutôt que je devais faire l'école de droit, que mes amis appliquaient pour des emplois sur Wall Street, j'ai plutôt suivi mon idée et j'ai écrit à toutes les organisations du comté où je pensais pouvoir aider les gens défavorisés à se prendre en mains. Et finalement, un petit regroupement d'Églises du sud de Chicago m'offrit un emploi pour aider les milliers de gens congédiés suite à la fermeture de plusieurs aciéries. »

Prendre des risques est la version contemporaine du mythe de la frontière. Comme il n'y a plus, aux États-Unis, de frontières géographiques à repousser, ce sont désormais les frontières de soi-même qu'il faut repousser. Barack Obama était bel et bien dans cette dynamique, préférant repousser ses propres frontières dans le travail social plutôt qu'accepter, comme ses collègues, un emploi sécuritaire et lucratif dans l'univers de la finance sur Wall Street. Barack Obama a donc pris le risque. Et ce risque fut payant, car il s'est retrouvé président des États-Unis. Ce que l'histoire de Barack Obama ne dit pas, en revanche, c'est que si tous ont la possibilité d'adhérer au mythe américain de l'individu qui prend des risques, qui repousse les frontières, tombe, fait faillite, se relève, affronte l'adversité et finalement réussit, en réalité, peu y parviennent. Malgré tout, malgré toutes les embûches, malgré le taux d'inégalités sociales extrêmement élevé aux États-Unis, le mythe américain de la frontière agit littéralement comme une marque de commerce. Le droit à la vie, à la liberté et au bonheur interpellent quelque chose à ce point fondamental chez l'être humain, que les gens sont prêts à adhérer à ce mythe.

Dans sa volonté de prendre des risques, de préférer la précarité à la stabilité, Barack Obama se voit offrir par le regroupement d'Églises du sud de Chicago une somme de 12 000 $ pour une année complète, plus une somme de 1 000 $ pour acheter une voiture : « J'ai donc acheté une vieille voiture, j'y ai mis mes quelques affaires, j'ai consulté une carte, et je suis parti vers l'Ouest, vers Chicago, une ville où je n'étais jamais allé, un endroit où je ne connaissais personne. » La chose est tout à fait fortuite, mais le fait que Barack Obama prenne la direction de l'Ouest, celle des pionniers américains n'est pas anodine : elle renforce le mythe de la frontière. De plus, il se dirige droit vers un lieu qu'il ne connaît pas. Encore là, le mythe de la frontière, celui des colons puritains partis vers l'Ouest, celui de l'initiative, celui de la prise de risques, celui de nouvelles expériences à vivre, celui de l'inconnu.

À mi-chemin entre New York et Chicago, Barack Obama s'arrête pour la nuit, repère un petit motel à rabais, mais propre, dans une petite bourgade de la Pennsylvanie dont il ne se rappelle plus du tout le nom, et demande une chambre à la personne de service :

> « Alors que je complétais le formulaire d'inscription, l'homme au comptoir me demande où je vais. Et je lui réponds que je me dirige vers Chicago pour travailler dans le domaine social. Il me regarde et me dit : 'Vous savez, vous me semblez être un jeune homme de bonne famille, de plus, vous parlez bien. Donc, laissez-moi vous donner un conseil : oubliez ces idées de travail social. Vous ne pourrez changer le monde, et les gens n'apprécieront pas ce que vous ferez. Ce que vous devez faire, c'est d'appliquer auprès d'une

chaîne de télévision. Je vous le dis, c'est là que vous avez un avenir'. »

Affronter l'adversité — « Oubliez ces idées de travail social » —, confronter les embûches — « Vous ne pourrez pas changer le monde, et les gens n'apprécieront pas ce que vous ferez » —, voilà le programme proposé au citoyen américain, mais tous n'y adhèrent pas. Par contre, rien n'est impossible à qui le veut, et armé de cette conviction, Barack Obama prend le risque :

> « J'aurais pu suivre les conseils de ma mère et ceux de mes grands-parents. J'aurais pu suivre les traces de mes collègues. J'aurais pu écouter les conseils de ce vieil homme de la Pennsylvanie. Et, pour parler franchement, je suis convaincu qu'il avait raison. Par contre, je savais qu'il y avait quelque chose en moi qui désirait quelque chose de plus grand (*try for something bigger*). Donc, ne laissez pas les gens vous dire qu'il faut faire des choses non risquées. Écoutez ce qu'il y a en vous et décidez par vous-même ce que vous voulez le plus et qui vous pousse à saisir les opportunités qui pourraient éventuellement se présenter. »

L'opportunité est importante. Elle est au fondement même de ce qui constitue le lien social américain. Pour les Américains, ce qui importe, ce n'est pas une égalité de protections pour chaque citoyen, mais une égalité d'opportunités pour chaque citoyen, car aux États-Unis, l'accent est avant tout mis sur l'égalité des opportunités dont bénéficie chaque individu, alors que dans les pays plus orientés vers la social-démocratie, l'accent est surtout mis sur l'égalité des protections dont bénéficie chaque individu par le truchement de l'État. Ce que le modèle américain propose, c'est donc une égalité des opportunités où l'autonomie de l'individu est régie par l'indépendance personnelle, où l'égalité entre tous les citoyens est fondée sur l'initiative personnelle, où la capacité d'entrer en compétition est régie par la volonté personnelle de l'individu de prendre des risques. Ce que le modèle de la social-démocratie, quant à lui, propose, c'est une autonomie régie par une égalité des protections étatiques, où l'égalité entre tous les citoyens est fondée sur les protections collectives et la responsabilité collective, où la capacité d'entrer en compétition est régie par un filet de sécurité élaboré. En somme, alors qu'il serait impensable, dans la perspective de la social-démocratie, de ne pas soutenir financièrement les plus démunis de la société, à l'inverse, pour les Américains, l'aide fédérale et centralisée apportée aux moins favorisés fait craindre que cette même assistance ne sape leur confiance en soi et les rendent dépendants de l'aide publique. Autrement dit, aux États-Unis, offrir des opportunités fait consensus, contraindre pour obtenir une égalité de résultat divise l'opinion.

Au total, le modèle américain de l'individu entrepreneur de lui-même et d'un destin que l'on décide d'embrasser est plus qu'une simple vue de l'esprit. D'ailleurs, comme j'en ferai la démonstration au cours des prochains chapitres, faire en sorte que le corps puisse surseoir au vieillissement et déployer tout ce qu'il est possible de faire pour y parvenir est définitivement un destin que l'on décide d'embrasser parce qu'on est entrepreneur de soi-même.

La quantification de soi

Au milieu du XIXe siècle, quatre techniques viendront faire en sorte que l'idéologie fédératrice du gouvernement de soi pourra être déployée à grande échelle : le miroir ; la mode ; le pèse-personne ; l'indice de masse corporelle. Avec le concours de ces techniques, le corps est désormais engagé dans une toute nouvelle dynamique, celle de la quantification de soi. Plus que jamais, la contenance de soi et la gouvernance de soi s'imposent, alors que l'individu est désormais maître et esclave de son image des pieds à la tête, puisqu'il peut dorénavant se quantifier, se comparer objectivement aux autres corps qu'il côtoie, voir et mesurer les ravages de ses attitudes et comportements. Et cette capacité à se quantifier aura un effet particulièrement structurant sur la représentation sociale du corps aux XXe et XXIe siècles.

La protection de soi

Le milieu du XIXe siècle, avec l'arrivée de la médecine clinique, apporte dans son sillage une autre idée porteuse : la protection de soi. Pour la première fois dans l'histoire, la médecine dispose désormais de la capacité à mesurer l'état du corps, c'est-à-dire à l'objectiver, à le faire parler et conséquemment à le guérir de façon efficace. D'autre part, avec le XIXe siècle, il ne s'agit plus seulement de prévenir activement la maladie, mais de la maîtriser à la source. La mise en alarme des lieux et des comportements change totalement de registre : c'est l'individu lui-même, dans sa propre condition, qui est mis en alarme ; il est signe alarmant. La mise à distance des dangers est désormais tributaire d'un corps énergique, robuste, fort et vigoureux à travers des pratiques prophylactiques de plus en plus normées. À travers l'outil statistique, la société de la discipline évoquée par Michel Foucault se dessine avec la mise aux normes des espaces, des comportements et des corps. Le biopouvoir s'élabore, s'exerce rationnellement sur la vie des corps et celle de la population où l'État protecteur prend graduellement en charge la vie pour discipliner le corps et contrôler ainsi les populations.

En ce qui concerne la mise en alarme des lieux, des comportements et des corps, c'est l'espace économique lui-même qui est devenu alarme. Non plus seulement l'espace urbain ou géographique comme au cours des siècles précédents, mais celui des pauvres, infectés, menaçant les autres : « Le choléra s'attaqua d'abord aux classes pauvres, [...] Toujours est-il que ce furent des hommes en veste ou en haillons qui ouvrirent cette horrible marche de Paris vers la mort[125]. » La statistique, ici, révèle brutalement la réalité socioéconomique : un « fait dominant ressortait, néanmoins, de toutes ces poignantes singularités : lorsqu'on en vint à dresser la statistique de l'épidémie, il se trouva que [...] la mortalité avait été de [...] 52 à 53/1000, dans les quartiers de l'Hôtel de Ville et de la cité, qui sont ceux de la misère[126]. » Le pauvre est alarme, sa condition est alarme, le choléra est une maladie du pauvre pouvant atteindre le nanti, ce que la statistique confirme : « peu de jours s'étaient écoulés, et déjà le mal était monté jusqu'aux riches[127] », « de sorte que le malheur des cholériques fournis par la pauvreté s'aggrava de tous les secours et de tout le temps qu'elle dérobait à leurs souffrances réelles des symptômes imaginaires et hallucinations de l'opulence troublée[128]. »

L'outil statistique est donc devenu une mise en alarme. Il n'est plus seulement mesures et chiffres, mais outil de gestion politique et sanitaire. Il permettra de redéfinir les territoires de l'hygiène publique en travaillant sur les rebuts de la société pour mieux en maîtriser les dangers : « rebuts physiques (immondices, égouts, chantiers d'équarrissage), mais aussi rebuts moraux (débardeurs, égoutiers, chiffonniers, prostituées)[129]. » La maladie surgirait donc de milieux affaiblis où règne une misère qui propagerait l'infection en affaiblissant les corps. La dégénérescence est aussi devenue mise en alarme. L'individu doit s'inquiéter de son état, éviter la dégénérescence, éviter de sombrer dans l'alcoolisme, éviter d'être en surpoids, éviter le surmenage et les tensions, toutes conditions qui conduiraient à la dégénérescence. L'individu est définitivement signe alarmant.

---

[125] Blanc, L. (1850), *Histoire de dix ans, 1830-1840*, t. 2, Lausanne : Pagnerre Éditeur, p. 200.

[126] Blanc, L. (1850), *op. cit.*, p. 209.

[127] *Idem.*

[128] *Idem.*, p. 207.

[129] Lecuyer, B.P. (1986), « L'hygiène en France avant Pasteur, 1750-1850 », C. Salomon-Bayet (ed.), *Pasteur et la révolution pastorienne*, Paris : Fayot, p. 125.

La mise aux normes des espaces, des comportements et des corps passe désormais par la révolution pastorienne. Avec un espace sanitaire totalement reconfiguré avec l'arrivée de techniques révolutionnaires pour l'époque — ventilation active, adduction d'eau, tout-à-l'égout —, c'est toute une question d'hygiène publique qui peut définitivement prendre forme. La plomberie de l'eau fait son entrée dans les demeures. L'invention du siphon, ce coude sous les cuvettes, empêche reflux et émanations, interrompant toute communication avec les matières dangereuses en isolant le corps. C'est aussi la naissance de la salle de bains isolée qui allie deux ambitions : la propreté et la morale. Mœurs et microbiologie se confondent dans une technique sanitaire en intervenant sur les déjections corporelles et les promiscuités.

En 1854, en Angleterre, le médecin John Snow (1813-1858) découvre la véritable origine de l'épidémie de choléra : une dissémination par l'intermédiaire de la distribution d'eau. Le mouvement hygiéniste, né en Angleterre, préconise dès lors de collecter les eaux urbaines et de les acheminer, par des canalisations enterrées, jusqu'à des sites de rejets en milieu naturel. L'importante contamination de Londres, en 1858, convainc le gouvernement britannique de construire un imposant réseau d'égouts. En France, en 1894, la loi du tout-à-l'égout oblige le raccordement des maisons aux égouts de Paris pour l'évacuation des eaux domestiques et la vidange des fosses d'aisance. Un constat s'impose : l'individu, dorénavant, est soit responsable de sa dégénérescence, soit responsable de la vitalité collective. Cette surveillance de soi se veut avant tout une mise aux normes du corps, une injonction de la prévention de soi faite à chaque individu que suggèrent spécialistes de toutes sortes appuyés et convoqués par l'État.

La visée des gouvernements du XIXe siècle, en sus de contrôler l'état de santé des populations, est aussi pédagogique. Il s'agit bien là d'une volonté de convaincre pour mieux rompre avec les errances du passé, une intention de l'État d'instruire pour endiguer l'éclosion du mal en modifiant les espaces et les comportements. La préoccupation sociale doit ici l'emporter sur la seule morale, car le riche est autant à risque dans sa maison cossue que le pauvre dans son taudis. Concrètement, le microbe a redéfini la nature du lien social : l'entretien de soi ne saurait se penser sans l'entretien de tous.

Création de l'État providence en devenir, le sanatorium répond à cette prévention collective et solidaire démontre la nécessité de réguler les comportements privés dans l'intérêt d'autrui. D'une part, l'hygiénisme politique du XIXe siècle confère à l'approche médicale un droit de regard sur l'institution quarantenaire qu'est le sanatorium :

> « On reconnaît à la médecine une capacité de gestion rigoureuse des établissements sanitaires, fondée sur un savoir doublement légitimé : d'abord par une technologie qui se veut et se révèle plus efficace sur les plans tant clinique que thérapeutique ; ensuite par une morale laïque qui fait la part, en toutes choses et en tout être, entre le normal et le pathologique[130]. »

D'autre part, le sanatorium se présente non plus comme un lieu d'isolement strict comme l'étaient les léproseries et les lazarets des siècles précédents, mais un lieu où la réclusion n'est ni forcée, ni permanente. Si ce changement est d'importance, « c'est que les autorités politiques, de même que de larges fractions de la population, sous l'influence des théories médicales de la contagion, sont passées à une vision différente de l'épidémie : l'institution se modifie à mesure qu'évoluent les savoirs sur la nature et la transmission de la contagion[131]. »

Alors que par les siècles passés le jugement de Dieu, à lui seul, suffisait à normaliser espaces, comportements et corps, que le temps, à lui seul, faisait apparaître ou disparaître le mal, le XIXe

[130] Fabre, G. (1996), *op. cit.*, p. 97.

[131] *Idem.*, p. 102.

siècle marque une rupture définitive. Les impératifs économiques, le commerce et le libre-échange dictent désormais la marche des choses. Les entraves, quelles qu'elles soient, ne sont plus à l'ordre du jour. Les marchandises et les gens doivent circuler, surtout dans le domaine maritime par qui transite l'économie. Par exemple, « le décret du 10 août 1849 supprime l'Intendance sanitaire de Marseille ; celui de 1845 assouplit considérablement les quarantaines dans tous les ports français[132]. » D'une part, l'institution de la quarantaine n'est plus en phase avec l'évolution culturelle et économique des sociétés industrielles, et d'autre part, elle passe sous la responsabilité quasi exclusive du corps médical.

En ce qui concerne la mise à distance des dangers, la surveillance de soi est le maître mot. Elle est une condition de la surveillance de tous. Cependant, malgré tous les programmes et techniques sanitaires mis en place, trois inquiétudes subsistent : (i) ethnique (la dégénérescence de la race) ; (ii) culturelle (le thème dégénératif impose le recours à une force surplombant les individus, celle qui dicte les normes et les devoirs) ; (iii) fléaux provenant de l'individu (alcoolisme, prostitution, hérédités diffuses, surpoids, pratiques de vie). Alors qu'au cours des siècles passés la mise à distance des dangers se résumait à se prémunir du mal par certaines actions, la mise à distance des dangers du XIXe siècle est une affaire de prévention de soi dans les pratiques quotidiennes : régime alimentaire, exercice, hygiène personnelle, entretien des lieux. Le registre des dangers hygiéniques est ainsi renouvelé. Il est désormais à l'aune de l'identification de colonies bactériennes localisées et précises et non plus des odeurs et du visible, d'où la mise à distance de dangers comme les déjections des malades et les expectorations. Une démarche pour effectuer cette mise à distance se fera à travers les objets dangereux plus visibles, les menaces sanitaires plus circons-

---

[132] Fabre, G. (1996), *op. cit.*, p. 102.

crites, l'assimilation du plus grand nombre de maladies au modèle infectieux, ainsi que la vaccination. La finalité de tout ce qui s'est mis en place au XIXe siècle pour contrôler la maladie consistera avant tout à maîtriser le mal à la source.

Avec le XXe siècle, il ne s'agit plus seulement de maîtriser le mal à la source, mais d'éradiquer le mal : vaccination, antibiotiques, chirurgie cardiaque, neurochirurgie, imagerie médicale ont non seulement reculé les frontières du corps, mais l'ont également inscrit dans une nouvelle dynamique sociale.

La mise en alarme des lieux et des comportements s'effectue désormais à deux niveaux : macro et micro. Niveau macro, en 1962, le livre *Silent Spring*[133] de Rachel Carson signe l'acte de naissance du mouvement écologique en mettant en lumière les problèmes liés à l'utilisation massive des pesticides. Le danger extérieur n'est plus seulement de l'ordre des maladies infectieuses, mais de transformations parfois drastiques imposées par l'homme à l'environnement avec effet en retour. Niveau micro, au cœur même du corps, les avancées scientifiques ont largement élargi le spectre des dangers potentiels : génétique, régime alimentaire et mode de vie ont redessiné les frontières du mal. La prévention de soi s'impose. Il ne s'agit plus seulement, comme au XIXe siècle, de dégénérescence collective, mais de dégénérescence avant tout individuelle. L'alarme est dans l'aliment, le manque d'exercice, un mauvais mode de vie malsain et certaines conditions de travail.

Le XXe siècle dispose dorénavant d'un outil majeur de mise en alarme : les médias de masse. Changement radical donc, avec l'arrivée de la radio, de la télévision et des satellites de télédétection permet dans l'instant d'informer les populations d'une multitude de dangers. Les grands organismes sanitaires — l'Organisation mondiale de la santé, le CDC (Centers for Disease Control), les agences sanitaires gouvernementales des différents

[133] Carson, R. (1962), *Silent Spring*, Boston: Houghton Mifflin.

pays —, surveillent, compilent, analysent toutes les informations susceptibles de porter atteinte à la santé publique.

La mise aux normes des espaces, des comportements et des corps prend également une tout autre tournure, car le sida ébranle le dogme pasteurien voulant qu'être porteur d'anticorps prévienne l'infection : entre « 1984 et 1986 on est passé progressivement de la notion de séropositivité signifiant protection et défense, à celle signifiant que le porteur de virus n'a aucune protection[134]. » Ce changement dans le savoir scientifique et médical n'est ni banal ni trivial, car le sida, au-delà du risque qu'il représente, est aussi mise en scène alarmée du déclin de l'espèce. Le déploiement scientifique pour contrer le sida est non seulement sans précédent, mais démontre comment les défenses proposées révèlent à quel point la surveillance de soi doit être constante, à quel point il appartient à une tout autre culture, celle des homosexuels. Ici, pas de *sidatorium* comme le sanatorium du XIXe siècle isolant le malade infecté par la tuberculose, car « l'institution sanitaire contre le sida n'a nul besoin d'un établissement spécifique pour légitimer son intervention : son efficacité se situe ailleurs, à l'interface des gestions médicale et politique de l'infection[135]. » Ce qui importe, ce n'est pas le retranchement des personnes infectées, mais la responsabilisation personnelle face à des pratiques sexuelles intimes. Le modèle de la syphilis du XIXe siècle, cantonné aux prostituées, est désormais caduc, car la défense contre le sida est avant tout affaire d'attitude personnelle et de surveillance de soi.

Au XXe siècle, la mise aux normes de la santé s'effectue en trois temps : responsabiliser, éduquer, protéger. L'éducation fonde les pratiques préventives, d'où les multiples campagnes de santé publique commanditées par l'État qui, dépouillées de tout jugement moral tentent de ramener le débat sur le terrain d'un

---

134 Bernard, J. (1996), *op. cit.*

135 Fabre, G. (1996), *op. cit.*, p. 102.

danger collectif immédiat. Des maladies sexuellement transmissibles, en passant par le port de la ceinture de sécurité, le régime alimentaire, la remise en forme, les tests de dépistage, jusqu'à l'alcool au volant, c'est définitivement de responsabilisation personnelle dont il s'agit. L'individu est dorénavant convié à adopter un mode de vie sain, comme si l'addition de toutes les pratiques individuelles de prévention de soi conduisait à une protection collective. Ici, une dynamique qui se met graduellement en place, qui convie l'individu à l'autonomisation, préfigurant déjà l'individu du XXIe siècle, celui qui consomme la santé, autonome, architecte de sa vie et seul maître de son destin.

En ce qui concerne la mise à distance des dangers, au niveau macro, l'individu est convié à protéger l'environnement en recyclant et en adoptant des pratiques peu polluantes, d'où l'idée d'agir localement et de penser globalement, en somme, d'être conscient des conséquences globales de ses actes. La mise à distance des dangers n'est plus seulement de l'ordre physique, mais également de l'ordre psychologique ; il faut être conscient. Au niveau micro, pour la première fois, une nouvelle approche de mise à distance des dangers émerge : la pensée positive. L'arrivée sur la scène sociale des coachs de vie au milieu des années 1980 ne peut se comprendre que dans cette logique. Le rôle de ces nouveaux thérapeutes consistera à persuader, inspirer, manipuler, cajoler et intimider afin d'amener l'individu à se réaliser. C'est l'industrie milliardaire de la croissance personnelle. C'est l'injonction à être positif en trouvant les ressources en soi. C'est proclamer le triomphe de l'attitude sur les adversités de ce monde. Autrement dit, par sa seule attitude positive un individu serait en mesure de renverser l'adversité des circonstances, il procéderait à une mise à distance de dangers dont il n'aurait jamais même entendu parler.

Si la finalité de tout ce qui s'est mis en place au XXe siècle pour contrôler la maladie n'est plus uniquement de l'ordre de maîtriser le mal à la source, mais aussi de l'éradiquer autant que faire se peut, avec le XXIe siècle il ne s'agit plus seulement d'éradiquer le mal, il faut le transcender. Il y aurait, chez l'être humain, une profonde aversion envers sa propre finitude. Des processus biologiques dégénérescents identifiés, il n'y a qu'un pas à franchir pour vouloir les contourner ou les empêcher de s'exprimer. Le transhumanisme n'est pas étranger à cette finalité, mais il n'en est pas pour autant le moteur ; il en est que le prolongement, une suite logique d'une prévention de soi amorcée au XIXe siècle. Ce que la seconde décennie du XXIe siècle propose, c'est un individu autonome en matière de santé comme moyen collectif de gérer la maladie.

Ici, la mise en alarme des espaces et des comportements travaille sur deux plans. Au plan macro, d'une part, la mise en alarme des espaces est dorénavant à l'aune du réchauffement climatique qui a subsumé toutes les autres préoccupations environnementales. D'autre part, la mise en alarme des comportements, sous le chapeau du réchauffement climatique, s'adresse aux institutions politiques, aux entreprises privées et aux individus visant à un changement pressant des attitudes et habitudes de production et de consommation. Au plan micro, l'alarme est dans le mode de vie mis en pratique par l'individu et par ce qu'il porte ou non en lui pouvant porter atteinte à son intégrité.

La mise à distance des dangers s'incarne donc définitivement dans la surveillance et la prévention de soi. Le dépistage, la saine nutrition et les pratiques sportives sont les passages obligés pour mettre à distance les dangers. Les campagnes de santé publique rappellent constamment à l'individu cette mise à distance, tout comme la fiche nutritionnelle inscrite sur les emballages des aliments normalise cette mise à distance des dangers en matière de nutrition. Souscrire à l'utilisation de technologies médicales personnelles (tensiomètre, cardiomètre, mesure de la glycémie, etc.) suppose que l'individu est conscientisé à la prévention de soi. L'utilisation, à la maison, de détergents antibactériens, l'élimination de tous les produits chimiques au profit de produits dits écologiques sont des pratiques confirmées d'une prise de conscience personnelle face aux dangers tapis dans les moindres habitudes ou comportements. La mise à distance des dangers est avant tout une purification de soi et de son environnement immédiat, l'idée étant que les agissements normalisés de l'un profitent au collectif[136].

La mise aux normes des espaces, des comportements et des corps a changé de registre : c'est l'aboutissement d'une logique de la prévention de soi amorcée au XIXe siècle, mais qui est aussi rupture. Aboutissement, dans le sens où la pratique individuelle de prévention de soi est plus que jamais à l'ordre du jour. Rupture, dans le sens où l'État n'a plus le rôle disciplinaire du XIXe siècle, ni tout à fait le rôle protecteur du XXe siècle, d'où un présupposé important : **l'addition de toutes les pratiques individuelles de prévention de soi conduirait à une protection collective généralisée nonobstant toute autre considération de nature sociale**. Ce changement de paradigme n'est pas innocent : la santé est désormais quasi totalement du ressort de l'individu. Cette prévention se traduit dans la mise en pratique d'un mode de vie sain, lequel est adossé à trois piliers : dépistage, nutrition et fitness.

Dans un premier temps, l'individu conscient de sa santé est celui qui confie son corps au corps médical afin de dépister ce qui pourrait éventuellement porter atteinte ou non à sa santé. Dans un deuxième temps, ce qui nourrit le corps doit être à la fois un carburant produisant le moins de déchets oxydants possible et un aliment qui protège, renforce et optimise l'ensemble des fonctions métaboliques et immunitaires, ainsi que la structure musculaire et squelettique. Dans un troisième temps, une fois établi que le corps est à l'abri de dangers potentiels internes balisés par le savoir médical et qu'il est correctement alimenté

[136] Cette mise à distance personnelle s'inscrirait peut-être bien dans une vaste entreprise hygiéniste planétaire de mise à distance des dangers sous l'égide de la doctrine environnementaliste.

selon des normes établies par une armée de nutritionnistes, il doit aussi être un corps entraîné dans le mouvement, dans le travail, dans la performance, et modelé selon des normes établies à la fois par le savoir médical et celui de la kinésiologie. L'idée étant qu'une multitude de corps ainsi optimisés seraient l'équivalent d'une population en santé où les conditions sociales auraient peu d'incidence.

Dans cette autonomie que l'on prête à l'individu et l'injonction qui lui en est faite, la société tend à faire de lui « le dépositaire ultime de la connaissance et de la gestion de soi. Cette tendance est encouragée par les efforts des systèmes de santé pour limiter les dépenses et miser sur la prévention en responsabilisant les individus, que l'on considère comme étant parvenus à une maturité de médecins de soi[137]. » Paradoxalement, à la venue d'une pandémie grippale, ce patient-roi et maître de son destin est brutalement confronté à la réalité d'une prise en masse totalitaire de la société. L'épisode de la grippe porcine (H1N1) en 2009 est fort éloquente à ce sujet. Le 11 juin 2009, Margaret Chan, la directrice générale de l'OMS, fait passer le niveau d'alerte pandémique à son niveau maximal et souligne que « les vaccins antigrippaux sont l'un des moyens les plus efficaces d'éviter à la population de contracter la grippe pendant les épidémies ou les pandémies. Le virus de la pandémie est nouveau et pratiquement tout le monde y est sensible. Ces vaccins stimuleront l'immunité contre cette nouvelle grippe et contribueront à préserver la santé publique pendant l'évolution de la pandémie[138]. » Les industries pharmaceutiques se lancent dans une course au vaccin, les commandes des gouvernements affluent, des campagnes de vaccination à l'échelle nationale sont déployées dans différents pays.

---

[137] Moulin, A.M. (2011), *L'histoire vue par la biologie*, in *Aux origines de la médecine*, dir. Didier Sicard, Georges Vigarello, Paris : Fayard, p. 264.

[138] OMS (2009), *Alerte et action au niveau mondial (GAR) — Vaccins contre la grippe pandémique H1N1*, http://bit.ly/d1MrcS.

« Plus de 14 000 décès[139-140] confirmés en laboratoire ont été notifiés » comparativement aux épidémies de grippe saisonnière qui touchent « jusqu'à 15% de la population et font jusqu'à 500 000 morts chaque année dans le monde[141] » et qui passent totalement inaperçues. *A posteriori*, il est facile de critiquer l'OMS et de l'accuser d'avoir été alarmiste. Toutefois, dans une société qui se définit par sa capacité de préparation (*preparedness*) à parer à toutes éventualités, cette prise de contrôle totalitaire par le pouvoir public se justifie à l'aune de cette même capacité de préparation. Ici, l'individu réputé autonome en matière de santé est récusé au profit de la santé collective. Cette capacité d'autonomie que l'on prête à l'individu ne deviendrait dès lors valide qu'en fonction d'impératifs économiques, mais serait tout à fait inadéquate lors d'épidémies ou de pandémies.

Au total, les deux premières décennies du XXIe siècle auront tout mis en place pour contrôler la maladie, car il faut désormais transcender le mal, le dépister, le traquer dans le gène, lui éviter de s'exprimer et se manifester. Et cette position qui n'est que la résultante d'un parcours de soi amorcé avec le gouvernement de soi et appuyé par des techniques, des technologies et des méthodes qui permettent d'y parvenir, représente tout ce qui constitue les fondements du transhumanisme, car **si cette ultime identification au corps n'avait pas été possible, personne ne serait actuellement en train de parler des idées et des propositions véhiculées par le transhumanisme**.

---

139 Fukuda, K. (2010), *Déclaration du Dr Keiji Fukuda au nom de l'OMS à l'occasion de l'audition du Conseil de l'Europe sur la grippe pandémique H1N1*, http://bit.ly/USxeiS.

140 « La pandémie de grippe actuelle est un événement bien documenté sur le plan scientifique, au cours duquel s'est propagé un nouveau virus grippal qui a provoqué un schéma épidémiologique de morbidité inhabituelle dans le monde entier. Il ne s'agit pas de simples tournures de phrase, définitions ou polémiques. Dire que la pandémie est « fausse » revient à ignorer l'histoire récente et la science et à banaliser la mort de 14 000 personnes et les nombreux cas de maladies graves que bien d'autres ont subi (Source : Fukuda, 2010). »

141 Nguyen, R. P. (2011), « La grippe au XXIe siècle : appel à contribution », *Bulletin de l'Organisation mondiale de la Santé*, vol. 89, p. 318-320 [318].

Le corps augmenté et amélioré

> Se fondant sur l'idée d'un progrès perpétuel et d'une inévitable transformation de soi par le truchement de technologies intelligentes, l'individu, libre de ses choix, car il utilise la pensée rationnelle et fait preuve d'un optimisme pratique, sera en mesure de contribuer efficacement à l'élaboration d'une société ouverte où les technologies contribueront à son bonheur et à celui de la collectivité.

Il est indéniable que, depuis le début du XXe siècle, les techniques, technologies et méthodes développées pour transformer le corps et les conditions de vie en général ont connu une croissance fulgurante. La convergence de technologies de pointe comme les nanotechnologies, les biotechnologies, la robotique, l'intelligence artificielle et les sciences cognitives ont placé le corps au centre d'un design et d'une reconfiguration tous azimuts. Toutes ces technologies rendent disponibles de tout nouveaux outils cognitifs pour nous permettre d'appréhender cette nouvelle réalité de la corporéité. À l'intersection de l'intelligence artificielle qui s'apprête à fédérer sous son magistère l'ensemble de toutes les technologies existantes et en développement — biologie moléculaire ; biotechnologies ; nanotechnologies ; neurotechnologies ; technologies génétiques d'augmentation des capacités physiques et mentales ; technologies de contention des maladies, du vieillissement, des dérèglements de l'humeur, des maladies mentales —, un tout nouveau corps soustrait au long et lent processus de l'évolution naturelle est sur le point de connaître une toute nouvelle forme d'évolution, celle d'une évolution contrôlée par l'homme lui-même et ses technologies. Tout ceci n'est pas banal, car si le génie génétique promet de reconfigurer le corps pour le libérer de tout ce qui peut le rendre malade ou le faire vieillir, et qu'il promet par ricochet de reconfigurer les générations futures, c'est qu'il met au rancart le processus évolutif naturel. Conséquemment, c'est bel et bien du posthumain dont on parle ici, ni plus ni moins qu'une nouvelle espèce qui émerge, qui vivra plus longtemps, qui possédera des capacités physiques et intellectuelles grandement augmentées, qui sera en mesure de surseoir au vieillissement et aux maladies chroniques. En cette ère posthumaine, les humains ne seront plus soumis aux diktats de la nature, bien au contraire, car ils seront ceux qui contrôlent la nature. C'est le type d'humain que proposent les transhumanistes.

Un nouveau cadre intellectuel

Le terme *transhumanisme*, forgé en 1957 par Julian Huxley (1887-1975) dans son célèbre livre intitulé *New Bottles for New Wine*[142-143], souligne avec force que l'idée même de développement du potentiel de l'homme remplacera l'État providence, la société efficiente et la société de pouvoir. Pour Huxley, le transhumanisme ne serait donc que pure variation sur le thème de l'humanisme évolutif — écologie humaniste ; philosophie de l'évolution ; humanisme environnemental —, c'est-à-dire que, pour la première fois dans l'histoire de l'humanité, l'homme, par un effort délibéré, pourra « se transcender lui-même, non pas seulement de façon sporadique [...], mais dans son entièreté en tant qu'humanité [où] l'homme demeure essentiellement un homme, mais se transcende lui-même en développant de nouvelles possibilités pour lui-même[144]. »

Pour Huxley, le terme même de transhumanisme est un concept-clé qui impose un tout nouveau cadre intellectuel, « une

---

142 Huxley, J. (1957), *New Bottles for New Wine*, London : Chatto & Windus, p. 17.

143 Julian Huxley est le petit-fils du biologiste, paléontologue et philosophe britannique Thomas Henry Huxley (1825-1895). Il a également été le premier directeur général de l'Unesco et fondateur du World Wildlife Fund. Il est le frère du célèbre écrivain et essayiste Aldous Huxley (1894-1963).

144 Huxley, J. (1957), *op. cit.*

nouvelle idéologie[145] » de l'homme, « un nouveau système d'idées pour mieux encadrer et comprendre la nouvelle condition de l'homme[146]. » Le transhumanisme serait donc « une nouvelle attitude d'esprit[147] » permettant d'aborder, avec les outils intellectuels appropriés, la crise à laquelle sera confrontée l'humanité en établissant des ponts entre la science et les arts tout en utilisant la science pour construire un monde meilleur, cette idée qui n'a de cesse de courir depuis le marquis de Condorcet voulant que le progrès soit inévitablement synonyme d'un Avenir radieux pour tous. À l'instar d'Abraham Maslow et de son concept de *métahumain* suggérant que l'espèce humaine est à l'aube d'une nouvelle forme d'existence plus complète et satisfaisante, Huxley avait la ferme conviction que, dans un avenir plus ou moins rapproché, nous serions en mesure de réaliser notre plein potentiel[148], tout comme le prônent actuellement les technoévangélistes de l'intelligence artificielle en affirmant que cette technologie merveilleuse libérera l'être humain du travail et des tâches fastidieuses, lui laissant ainsi le loisir de s'explorer lui-même afin de réaliser son plein potentiel. Huxley n'était pas seul dans sa démarche. En 1939, aux côtés du généticien britannique John Burdon Sanderson Haldane (1892-1964), il signe le *Manifeste des généticiens* prônant une forme d'eugénisme autorisant les manipulations génétiques pour améliorer la race humaine, d'où l'amélioration par ricochet des conditions sociales :

> « Le jour où la reconstruction économique atteindra le point où de telles forces humaines seront lâchées n'est pas encore arrivé, mais c'est la tâche de cette génération de s'y préparer, et chaque pas sur ce chemin représentera un gain, non seulement pour la possibilité de l'amélioration génétique ultime de l'homme, à un degré rarement rêvé jusqu'ici, mais en même temps, plus directement, pour la maîtrise humaine des

[145] *Idem.*, p. 255.
[146] *Idem.*
[147] *Idem.*
[148] Huxley, J. (1957), *op. cit.*, p. 17.

> maux plus immédiats qui menacent tellement notre civilisation moderne[149]. »

Appuyé par le physicien britannique John Desmond Bernal (1901-1971), qui avait déjà rédigé un important ouvrage sur la question en 1929 intitulé *The World, the Flesh & the Devil – An Enquiry into the Future of the Three Enemies of the Rational Soul*, où il mentionnait que « l'homme devait activement interférer dans son propre devenir et y interférer de manière non naturelle[150] », les premières briques de l'édifice transhumaniste, en cette période de l'histoire où la science n'avait pas encore tout à fait perdue son aura triomphaliste, étaient posées. Poursuivant dans la même veine dans un livre intitulé *Dialectical Materialism and Modern Science*, Bernal souligna que « les scientifiques d'aujourd'hui apprennent à manipuler la vie dans sa globalité et dans ses parties tout comme le faisaient leurs prédécesseurs il y a plus d'un siècle en manipulant des substances chimiques [et que] la vie a cessé d'être un mystère et est devenue un objet de recherche[151]. »

À eux seuls, Huxley, Haldane et Bernal, au cours de la décennie 1920, ont non seulement articulé les concepts fondamentaux du transhumanisme, mais ont systématiquement pavé la voie aux transhumanistes contemporains. Si Julian Huxley, en tant que biologiste d'obédience évolutionniste, a mis en lumière le fait que la nature humaine devait faire l'objet d'un développement et d'une amélioration continue en utilisant les méthodes de l'eugénisme (planifier et contrôler l'évolution humaine), si Haldane a accordé un rôle majeur à l'utilisation des méthodes liées à l'eugénisme pour construire et élaborer la société idéale du futur, et

[149] Haldane, J. B. S., Huxley, Harland, S. C. et als. (1939), « Social Biology and Population Improvement », *Nature*, vol. 144, p. 521-522.
[150] Bernal, J. D. ([1929] 1970), The World, the Flesh & the Devil – An Enquiry into the Future of the Three Enemies of the Rational Soul, New York : Jonathan Cape Ltd.
[151] Bernal, J. D. (1937), « Dialectical Materialism and Modern Science », *Science and Society*, vol. 2, n° 1.

s'il a considéré que les généticiens sont « les figures les plus romantiques des temps présents[152] », Bernal, pour sa part, spécialiste en cristallographie et en biologie moléculaire, a particulièrement fantasmé sur le futur où la science transformerait non seulement tous les aspects de la vie sociale, mais remplacerait la religion comme force dominante tout en modifiant le cerveau pour y parvenir[153].

Les idées proposées par ces trois scientifiques furent reprises et retravaillées, au cours des années 1930, par ce qu'il est aujourd'hui convenu d'appeler les *Red Scientists* de l'Université de Cambridge[154]. Profondément convaincu de la capacité de la science et de la technologie à améliorer la condition humaine, tout comme de sa capacité à mettre sur pied un État providence en mesure d'éradiquer la pauvreté et la misère humaine, un ami proche de Julian Huxley, H. G. Wells, imagina, à partir de leurs travaux, un petit groupe de scientifiques et d'ingénieurs qui utiliseraient la science et la technologie dans le but d'élaborer un futur parfait pour l'humanité[155]. Toutefois, les visées du régime nazi à propos de l'eugénisme et les horreurs qu'elles engendrèrent pendant la Seconde Guerre mondiale eurent tôt fait de refroidir les ardeurs de tous ceux qui auraient eu l'idée de planifier un meilleur futur pour la race humaine sous la férule de l'État.

Les années déterminantes du transhumanisme

Cela étant précisé, on comprendra encore mieux pourquoi, dans les années 1960, des auteurs de science-fiction comme Arthur C. Clarke (2001 Odyssée de l'espace), Isaac Asimov (Fondation / Les robots), A. E. Van Vogt (Le monde des non-A) et Ray Bradbury (Rapport minoritaire) en sont arrivés à spéculer

---

152 Haldane, J. B. S. (1924), *Daedalus : or Science and the Future*, New York : E. P. Dutton & co, p. 80.
153 Bernal, J. D. ([1929] 1970), *op. cit.*, p. 80.
154 Wersky, G. (1978), *The Visible College : The Collective Biography of British Scientific Socialists in the 1930s*, New York : Holt, Reinhart and Winston.
155 Wells, H. G. (1905), *A Modern Utopia*, London : Chapman & Hall.

sur un futur posthumain[156]. Vers la fin des années 1960, alors que la contre-culture hippie bat son plein, que l'homme s'apprête à débarquer sur la lune, que les drogues psychédéliques ouvrent de nouvelles frontières à la conscience, le célèbre futurologue Fereidoun Esfandiary (1930-2000) suggère que les transhumains sont d'ores et déjà des gens dont les comportements sont alignés sur les propositions du transhumanisme, c'est-à-dire tous ces gens qui ont la ferme conviction qu'il est possible de transcender la nature humaine et qui s'appliquent à y parvenir. En 1989, poussant plus loin sa réflexion à propos de son changement de nom pour FM 2030 (année de son centenaire de naissance), il fera le commentaire suivant :

> « Les noms conventionnels désignent le passé des gens : leurs ancêtres, leur ethnie, leur nationalité, leur religion. Je ne suis pas celui que j'étais il y a dix ans, et certainement pas celui que je serai dans vingt ans. [...] Le nom 2030 reflète ma conviction que les années aux alentours de 2030 seront des années magiques. En 2030 nous serons immortels et tout un chacun aura de grandes chances de vivre éternellement. 2030 est un rêve et un but[157]. »

Tout au cours des années 1960 et 1970, plusieurs chercheurs suggèrent dès lors qu'il existerait des possibilités certaines permettant non seulement d'augmenter de façon significative l'espérance de vie, mais aussi de procéder à la cryogénisation du corps pour le ramener à la vie une fois les avancées médicales suffisamment à point pour le délivrer de toutes les tares qui l'habitent. Au début des années 1980, ce sont les nanotechnologies, les biotechnologies, la génétique, les neurosciences et l'intelligence artificielle qui prennent le devant de la scène. On parle de

---

156 Kayles, N. K. (1999), *How We Became Posthuman : Cybernetics, Litterature and Informatics*, Chicago : University of Chicago.

157 Esfiandary, F. (1989), *Are You a Transhuman ? Monitoring and Stimulating Your Personal Rate of Growth in a Rapidly Changing World*, New York : Warner Books.

plus en plus des ordinateurs de cinquième génération qui supplanteront l'intelligence humaine, de nanotechnologies qui bouleverseront le monde des matériaux et de la médecine, de biotechnologies qui reconfigureront le corps, du génie génétique qui réparera les gènes défectueux. De toutes ces technologies en développement depuis plus de trente, une seule, en 2017, brillera de tous ses feux : l'intelligence artificielle, les autres étant toujours en attente de leur moment de gloire. Les années 1980 sont aussi les années où les techno-utopistes et les techno-enthousiastes comme le chercheur en intelligence artificielle Marvin Minsky (1927-2016)[158-159], l'ingénieur Ray Kurzweil[160], l'ingénieur Eric Drexler[161] et le roboticien Hans Moravec[162] prennent le plancher et s'entendent tous pour dire que l'humanité est sur le point de connaître une singularité technologique, ce moment où l'être humain sera surclassé par une intelligence artificielle. Cette nouvelle espèce, Robo Sapiens, n'est pas seulement notre potentielle Némésis, mais bien le futur même de notre évolution. Comme le soulignait Hans Moravec dès 1999, « avant la fin du prochain siècle, les humains ne seront plus les seuls êtres les plus intelligents de la planète[163]. » Et ceci sera rendu possible, parce que la croissance exponentielle de l'intelligence artificielle rendra inévitable cette évolution, laissant derrière elle à la traîne les êtres humains. Et si les êtres humains ne veulent pas être laissés pour compte, toujours selon Moravec[164], ils devront transférer

---

[158] Minsky, M. (2006), *The Emotion Machine: Commonsense Thinking, Artificial Intelligence, and the Future of the Human Mind*, New York: Simon & Schuster.
[159] Minsky, M. (1986), *The Society of Mind*, New York: Simon & Schuster.
[160] Kurzweil, R. (2005), *The Singularity is Near: When Humans Transcend Biology*, New York: Viking.
[161] Drexler, E. K., Peterson, C. (1991), *Unbounding the Future: The Nanotechnology Revolution*, New York: Morrow.
[162] Moravec, H. (1999), *Robot : Mere Machine to Transcendent Mind*, New York: Oxford University Press.
[163] *Idem.*, p. 16.
[164] *Idem.*, p. 13.

leur esprit dans leurs progénitures robotiques artificiellement intelligentes.

Toujours au cours des années 1980, le philosophe Max More entreprend d'élaborer une doctrine du transhumanisme, proposant du même coup les principes de l'extropie qui considèrent l'être humain comme une phase transitoire placée entre l'héritage animal et l'avenir posthumain[165]. Ces principes, sans être pour autant un credo ou un dogme, se répartissent comme suit[166] :

- progrès perpétuel : viser plus d'intelligence, de sagesse, d'efficacité, une durée de vie indéfinie, la suppression des limites politiques, culturelles, biologiques et psychologiques à la réalisation de soi — dépasser sans cesse ce qui contraint notre progrès et nos possibilités, s'étendre dans l'univers et avancer sans fin ;
- transformation de soi : affirmer le développement constant sur le plan moral, intellectuel et physique, par la pensée critique et créative, la responsabilité personnelle et l'expérimentation — rechercher l'augmentation biologique et neurologique ainsi que le raffinement émotionnel et psychologique ;
- optimisme pratique : nourrir l'action par des attentes positives — adopter un optimisme rationnel, basé sur l'action, par opposition tant à la foi aveugle qu'au pessimisme stagnant ;
- technologie intelligente : appliquer la science et la technologie de façon créative pour transcender les limites « naturelles » que nous imposent notre héritage biologique, notre culture et notre environnement — voir la technologie non comme une fin en soi, mais comme un moyen d'améliorer la vie ;

---

165 More, M. (2004), More, M. et als. (2013), « The Philosophy of Transhumanism », *Transhumanism Reader: Classical and Comteporary Essays on the Science, Technology, and Philosophy of the Human Future*, ed. Natasha Vita-More, Max More, Chichester, UK: John Wiley & Sons, p. 3-17.

166 Delerue, F., Guérin, V., (2013), *Principes extropiens*, IATranshumanisme, URL: http://bit.ly/2g2b2qa.

- société ouverte : soutenir des organisations sociales qui favorisent la liberté d'expression, la liberté d'action et d'expérimentation — s'opposer au contrôle social autoritaire et préférer l'autorité de la loi et la décentralisation du pouvoir, préférer la négociation au conflit et l'échange à la contrainte, choisir l'ouverture à l'amélioration plutôt qu'une utopie statique ;
- auto-orientation : rechercher la pensée indépendante, la liberté individuelle, la responsabilité personnelle, l'auto-orientation, l'estime de soi et le respect des autres ;
- pensée rationnelle : préférer la raison à la foi aveugle, et le questionnement au dogme — rester ouvert aux remises en question de nos croyances et de nos pratiques, à la recherche d'une amélioration perpétuelle et accueillir la critique de nos croyances existantes et être ouvert à des idées nouvelles.

Comme le lecteur l'aura constaté, il s'agit là d'un programme d'envergure auquel les techno-enthousiastes de l'ingénierie génétique, du clonage et de l'eugénisme font large place. Quelques humains, judicieusement sélectionnés, seront reconfigurés en une espèce transhumaine supérieure tout en mettant à profit toutes les avancées scientifiques et technologiques que recèlent les nanotechnologies, les biotechnologies, les neurotechnologies et l'intelligence artificielle. Ces transhumains ne seront plus soumis aux diktats de la nature, car ils auront la capacité de se transformer eux-mêmes, de voir eux-mêmes à leur destin, de devenir des individus possédant des capacités physiques, intellectuelles et psychologiques hors du commun par rapport à la condition humaine actuelle. Ils pourront se reprogrammer à volonté, seront potentiellement immortels et détiendront un savoir quasi illimité. Si le programme a de quoi inquiéter, c'est peut-être parce qu'il est inquiétant, et je suggère au lecteur que nous revenions plus loin sur cet aspect, parce que dans les principes de l'extropie, plusieurs de ceux-ci sont déjà actifs dans nos sociétés avancées.

Vers la fin des années 1990, un groupe d'activistes transhumanistes composé de Natasha Vita More, Max More, Doug Bailey, Anders Sandberg, Gustavo Alves, Holger Wagner et plusieurs autres rédigent la *Transhumanist Declaration*[167], qui met d'avant les idées suivantes :

- l'avenir de l'humanité sera radicalement transformé par la technologie, et en ce sens, nous envisageons la possibilité que l'être humain puisse subir des modifications, tel que son rajeunissement, l'accroissement de son intelligence par des moyens biologiques ou artificiels, la capacité de moduler son propre état psychologique, l'abolition de la souffrance et l'exploration de l'univers ;
- il faut mener des recherches méthodiques pour comprendre ces futurs changements, ainsi que leurs conséquences à long terme ;
- les transhumanistes ont la ferme conviction qu'il faut être ouvert aux nouvelles technologies, qu'il est impératif de favoriser leur adoption et leur utilisation à bon escient au lieu d'essayer de les interdire ;
- les transhumanistes affirment le droit moral de ceux qui le désirent, de se servir de la technologie pour accroître leurs capacités physiques, mentales ou reproductives et d'être davantage maîtres de leur propre vie et de s'épanouir tout en transcendant nos limites biologiques actuelles ;
- afin de planifier l'avenir, il est impératif de tenir compte de l'éventualité de ces progrès spectaculaires en matière de technologie, car il serait tout à fait non désirable que ces avantages potentiels ne se matérialisent pas à cause d'une technophobie rampante ou de prohibitions non scientifiquement fondées ;
- il faut disposer de lieux de discussions où les gens seront en mesure de débattre en toute rationalité de ce qui doit être fait, tout comme de discuter à propos d'un ordre social qui favoriserait la mise en œuvre de décisions responsables ;
- le transhumanisme est à l'intersection de nombreux principes de l'humanisme moderne et prône le bien-être de tout ce qui éprouve des sentiments, qu'ils émanent d'un cerveau humain, artificiel, posthumain ou animal. Finalement, le

[167] More, M. (2004), More, M. et als. (2013), p. 13.

transhumanisme n'appuie aucun politicien, parti ou programme politique

Dans la foulé du déploiement d'Internet au milieu des années 1990, des groupes comme la *World Transhumanist Association* fondée par Nick Bokstrom et David Pearce, l'*Extropy Institute*, la *Foresight Institute*, l'*Immortality Institute*, l'*Institute for Ethics and Emerging Technologies* et la *Singularity Institute for Artificial Intelligence*, seront fondés et proposeront une vision eschatologique de la vie et du monde. Et c'est indubitablement la vision de tous ces groupes et de tous ces instituts dont le programme est bel et bien un ensemble cohérent de doctrines et de croyances alimentées par la recherche scientifique et le développement technologique portant sur le sort ultime de l'homme après sa mort (eschatologie individuelle) et sur celui de l'univers après sa disparition (eschatologie universelle).

Tout ça n'est pas innocent et il faut s'en préoccuper, car le programme transhumaniste n'est pas une vision simpliste portée par quelques illuminés ou quelques techno-enthousiastes, mais bel et bien un programme qui tire sa légitimité scientifique d'un organisme de financement aussi important que la *National Science Foundation*, agence indépendante du gouvernement des États-Unis qui soutient financièrement la recherche scientifique fondamentale[168], sans compter le support de Mihail C. Roco, fondateur de la *U.S. National Science and Technology Council's subcommittee on Nanoscale Science*, et celui du sociologue américain William Sims Bainbridge, premier directeur de recherche de l'*Institute for Ethics and Emerging Technologies* créé en 2004, qui font la promotion d'une vision transhumaniste sous la bannière du concept des « technologies convergentes » (*converging technologies*), c'est-à-dire qu'un ensemble de technologies disparates qui fonctionnaient, à l'origine, indépendamment les uns des autres, sont de plus en plus intégrées, le meilleur

[168] En France, l'équivalent de la National Science Foundation est le CNRS, et au Canada l'INRS.

exemple étant celui de la rencontre des technologies de l'information avec celui des technologies de la communication et d'Internet au milieu des années 1990.

Autrement, les idées futuristes proposées par le transhumanisme ont un allié de taille en la personne de la DARPA (Defense Advanced Research Projects Agency), qui cherche par tous les moyens possibles à augmenter les capacités cognitives et physiques de l'être humain en procédant à une éventuelle fusion homme-machine. Mais le plus intéressant dans toute cette démarche, ce n'est pas tant le fait qu'elle soit une recherche généreusement financée par des organismes étatiques et des entreprises privées, mais bien le fait que tous ces techno-enthousiastes qui font la promotion du transhumanisme détiennent un pouvoir définitivement non négligeable sur la façon dont les fonds de recherche seront octroyés et dépensés. Et de ce pouvoir, ils tirent une certaine légitimité qui leur permet de tourner en dérision tous ceux qui s'opposent de près ou de loin à leurs recherches en les traitant de bioluddites ou de bioconservateurs.

Le transhumain versus le posthumain

Alors que la vision du posthumain idéal est on ne peut plus claire, la définition précise du transhumain est pour sa part un peu plus floue. Pour certains chercheurs, le mot *transhumain* n'est qu'une contraction pour désigner cet *humain transitionnel* qui se retrouve présentement, et pour un certain temps encore, dans une phase de construction et d'élaboration, autrement dit, dans cette phase qui le fera passer du statut d'être humain à celui de posthumain. Partant de là, il faut donc considérer que le transhumain sera un humain plus évolué que l'humain ordinaire, parce qu'il aura été l'objet de transformations conduites par les bons soins du génie génétique, de la psychopharmacologie, des thérapies antivieillissement, des interfaces neuronales, de l'intelligence artificielle, de drogues ou prothèses neurointelligentes augmentant les capacités mémorielles et cognitives. Donc, puisque le transhumain est un humain amélioré, les tenants du transhumanisme se réfèrent à une vision de l'humanité qu'ils disent H+. Pour d'autres, le transhumanisme ne se cantonne pas à la seule idée de l'être humain technologiquement amélioré, mais englobe toute personne qui supporte la recherche dans ce domaine et en fait la promotion, faisant ainsi écho à Julian Huxley. D'ailleurs, Nick Bostrom, le philosophe actuellement le plus en vue concernant la question du transhumanisme, définit comme suit la chose : « Le transhumanisme est une façon de penser le futur fondé sur la prémisse voulant que l'humanité, dans sa forme actuelle, ne représente pas la fin de notre développement, mais plutôt un premier point de comparaison[169] », et si on se fie à cette définition proposée par Bostrom, pour être un transhumaniste il n'est pas du tout nécessaire d'avoir subi une quelconque augmentation, mais uniquement de partager cette philosophie voulant qu'il soit désirable d'améliorer la condition à partir de ces technologies convergentes que sont les nanotechnologies, les biotechnologies, les neurotechnologies, l'intelligence artificielle et les sciences cognitives.

Ce qu'il y a aussi d'intéressant avec le transhumanisme, c'est qu'il est en passe de proposer un système philosophique. D'ailleurs, certaines tentatives plus ou moins réussies ont déjà posé les jalons de ce que ce système philosophique pourrait être. Par exemple, le pianiste et compositeur Simon Young, fils du célèbre cybernéticien J. F. Young (1929-1994), présente essentiellement le transhumanisme comme étant l'unification de la science et de l'éthique tout en le positionnant comme une alternative à ce qu'il nomme le postmodernisme académique, le théisme religieux et l'environnementalisme radical[170]. Il suffit de lire les pages 18 à 25 de son ouvrage pour se rendre compte à quel point Young s'en prend tout particulièrement au postmodernisme académique de gauche et au relativisme issu de la

[169] Bockstrom, N., Savulescu, J. (2009), *Human Enhancement*, Oxford: Oxford University Press.
[170] Young, S. (2005), *Designer Evolution : A Transhumanist Manifesto*, Amherst NY : Prometheus Book.

French Theory[171], et comprendre comment il dégage une thèse entièrement tournée vers une réalité objective qui existerait indépendamment de la perception humaine, de la cognition et de l'appréhension. En fait, pour Young,

> « après avoir croisé à New York la contre-culture des années 1970, les œuvres des philosophes français de l'après-structuralisme sont entrées dans les départements de littérature de l'université américaine, où elles ont bouleversé de l'intérieur tout le champ intellectuel. Réinterprétées, réappropriées au service des combats identitaires de la fin de siècle américaine, elles ont fourni le socle théorique sur lequel ont pu s'épanouir, contre la régression des années Reagan, les Cultural Studies, les Gender Studies et les études multiculturelles[172]. »

De toute évidence, ce qui dérange Young, c'est justement le succès qu'a connu la French Theory avec des concepts comme la déconstruction, le biopouvoir, les micropolitiques ou la simulation, alors que Baudrillard inspirait la science-fiction, Deleuze et Guattari se posaient en pionniers de l'Internet, Foucault remettait à l'ordre du jour les luttes communautaires et Derrida envahissait tout le champ de la théorie littéraire. Si Young considère que « le prémodernisme et le postmodernisme sont des formes d'antimodernité[173] », c'est bien parce que « les prémodernistes rejettent la modernité en fondant leur vision du monde sur des dogmes religieux, des superstitions et des croyances issues des cultures préindustrielles », alors que « les postmodernistes désirent remplacer ce qu'ils voient par une hégémonie de la réalité construite à partir d'un relativisme épistémologique,

---

[171] Cusset, F. (2004), *La leçon de la French Theory : Foucault, Derrida, Deleuze, et cie et les mutations de la vie intellectuelle aux États-Unis*, Paris: Éditions La Découverte.
[172] Cusset, F. (2004), *op. cit.*, 4e de couverture.
[173] Young, S. (2005), *op. cit.*, p. 25.

éthique et culturel[174]. » Poussant plus loin sa réflexion, Young souligne que :

> « La philosophie transhumaniste représente une nouvelle modernité propre au XXIe siècle. Sa grande idée, ou son supermème, réside dans le fait qu'elle met d'avant l'utilisation des biotechnologies — superbiologie — afin d'éradiquer la maladie, augmenter les capacités physiques et intellectuelles, et ultimement, défier la mort elle-même en mettant un frein au processus du vieillissement. Les défendeurs des métamèmes de la prémodernité et de la postmodernité cherchent par tous les moyens possibles à contrer la nouvelle modernité en occupant tout le champ du discours sur la modernité. Des négamèmes comme « se prendre pour Dieu », « bricoler la nature », « procéder à du design de fœtus », « frankenfood », « nouvel eugénisme », sont des outils discursifs de destruction mèmétique avec lesquels les défenseurs de la prémodernité et de la postmodernité cherchent à faire échouer la nouvelle modernité en tentant d'affaiblir la croyance et la foi du public envers la technologie. Je pense que ces opposants du transhumanisme doivent être qualifiés de bioluddites, parce qu'ils sont habités, pour les prémodernistes, d'une peur irrationnelle relevant de l'hybraphobie [l'hybris est, dans la Grèce antique, ce mouvement fautif de dépassement de la limite] et pour les postmodernistes d'une croyance cynique en la faiblesse de l'homme qui relève de la simple malanthropie. »

Ce qu'il y a d'intéressant dans le discours de Simon Young, c'est l'utilisation abusive de néologismes pour expliquer sa position, tout comme de dévoyer le concept de *mème*[175] forgé par

[174] *Idem*.

[175] Fusion des mots *gène* et *mimesis* (du grec « imitation »), les mèmes, selon Richard Dawkins, sont des réplicateurs fonctionnant sur le même principe que les gènes, mais responsables de l'évolution de certains comportements animaux tout comme de certains comportements culturels.

le biologiste Richard Dawkins[176], afin de le recycler à d'autres fins dans un langage abscons. Je fais ici une prise de position et elle n'est pas innocente, car le vocabulaire utilisé par les tenants du transhumanisme a parfois cette fâcheuse tendance à enrober les idées et les concepts dans des mots et des expressions qui veulent se donner une apparence de scientificité, comme si les mots et expressions en question étaient *de facto* porteurs de la réalité objective qu'ils veulent décrire (énoncés performatifs). Et en ce sens, la réalité dont ne tiendraient pas compte les postmodernistes et les relativistes que pourfend Young montre à quel point ce dernier ne tient pour autant pas compte de la réalité observable avec toute cette logorrhée peu compréhensible qui cherche peut-être à couvrir des banalités, des incohérences et des contrevérités.

Toujours dans le même ordre d'idées, Young suggère que s'il y a un fait vérifiable à propos de la condition humaine, c'est qu'elle n'est ni plus ni moins qu'une pitié. Partant de là, la *condition biologique*, pour les transhumanistes, n'est ni un horizon indépassable ni la destinée ultime de l'être humain, mais bien un état transitoire, parce que le processus évolutionniste a fait en sorte de produire un être conscient et intelligent disposant d'un cerveau complexe et hautement efficace dont la finalité serait, une fois rendu à ce stade d'évolution, de reprendre la main et de pourvoir lui-même aux conditions mêmes de sa propre évolution[177]. On se retrouve donc ici devant une position où l'évolution aurait des fins téléologiques qui conduiraient inévitablement à ce que l'être humain devienne son propre ingénieur. Par conséquent, l'être humain aurait le devoir non pas seulement d'intervenir dans le processus évolutif en altérant sa propre réalité biologique par le génie génétique, mais surtout l'obligation

[176] Dawkins, R. ([1976] 2003), *Le gène égoïste*, Paris : Odile Jacob.
[177] Young, S. (2005), *op. cit.*, p. 212.

d'utiliser une batterie de technologies qui augmenteront les capacités physiques et intellectuelles pour améliorer l'espèce humaine dans son ensemble.

Une autre approche philosophique, différente de celle de Simon Young, et proposée par Robert Pepperell, définit non seulement la condition posthumaine comme étant « la fin de l'univers anthropocentré », mais aussi comme « une théorie énergétique de l'esprit à travers laquelle la pensée humaine, la cognition et la mémoire doivent être entendu comme étant l'activité d'un système autorégulé[178]. » Pour Pepperell, le transhumanisme représente donc la fin de l'humanisme, et spécifiquement celle de « notre croyance persistante en l'infaillibilité du pouvoir de l'homme et notre croyance arrogante en notre supériorité et notre spécificité[179]. » Même Pepperell concède que cette croyance persistera dans un futur plus ou moins rapproché, il prédit tout de même que le courant humaniste issu du Siècle des Lumières s'effondrera sur lui-même, justement à cause des faiblesses morales inhérentes à son programme. D'ailleurs, les féministes, les défenseurs des droits des animaux, les mouvements antiesclavagistes et les écologistes seront justement là pour prouver à quel point cette morale humaniste aurait failli à sa tâche.

De là, il ressort clairement que le transhumanisme cherche à outrepasser les limites inhérentes à la philosophie humaniste et que son approche, dans une perspective évolutionniste, « n'est pas que limitée à la manipulation génétique, mas recouvre aussi bien les technologies liées à l'augmentation des performances que celles liées à l'amélioration de la vie en société[180]. » Vu sous cet angle, dans un futur posthumain, chaque individu acquerra non seulement des capacités semblables à celles de machines, mais il sera à même d'exister pleinement en reconnaissant le fait

---

[178] Pepperell, R. (2003), *The Posthuman Condition : Consciousness beyond the Brain*, Bristol UK: Intellect Books, p. 100.
[179] *Idem.*
[180] *Idem.*, p. 171.

« que personne n'est réellement distinct de tous les autres[181] » et que « nuire à tout ce qui nous entoure c'est avant tout se nuire à soi-même[182] ». La position de Pepperrel implique forcément que la condition posthumaine en est une qui considère les biotechnologies, les nanotechnologies, les neurotechnologies et l'intelligence artificielle comme des technologies qui rendent toujours plus floue la frontière qui sépare l'humain de la machine, faisant ainsi en sorte, et paradoxalement, de définir avec clarté ses positions mêmes du transhumanisme et des implications philosophiques. En fait, « là où les humanistes se voyaient avant tout comme des entités vivantes distinctes engagées dans une relation antagoniste avec les autres, les posthumanistes se voient plutôt comme des entités intégrées dans un monde technologiquement étendu[183]. »

Cette façon de se concevoir comme entité vivante est aussi partagée par des critiques postmodernes comme le professeur de littérature Neil Badmington, la théologienne Elaine L. Graham et le professeur d'anglais Cary Wolfe. Leurs positions respectives sur la chose sont bien celles de Simon Young contre la vision postmoderniste et de tous les discours qu'elle incarne. Et s'il y a une idée centrale qui fédère leurs points de vue, c'est bien leur notion même d'humanisme imaginée par le Siècle des Lumières et qui, depuis ce temps, n'a cessé de subir des assauts constants. Qu'il s'agisse, au XIXe siècle, de la critique de Karl Marx, de Sigmund Freud, de Friedrich Nietzsche, ou de la critique de philosophes postmodernistes comme Jacques Derrida, Michel Foucault, Roland Barthes et Jean Baudrillard, pour ne nommer que ceux-ci, l'idée même de l'homme universel a constamment été remise en question. Et c'est là où intervient le transhumanisme, dans une vision renouvelée de l'humanisme à l'aune même de la notion de cyborg. Et c'est bien à partir de cette démarche que

181 *Idem.*, p. 152.
182 *Idem.*
183 Pepperell, R. (2003), *op. cit.*, p. 152.

Donna Haraway, détentrice de la chaire d'histoire de la conscience à l'université de Californie à Santa Cruz, a pris sur elle de publier le « Cyborg Manifesto », qui propose une vision post-genre, posthumaniste, postfamiliale et postnaturelle de la réalité où la traditionnelle distinction entre humains et animaux et entre humains et machines s'efface toujours de plus en plus au profit d'une vision intégratrice[184] — à ce titre, tout le discours entourant le genre se cale dans la logique du transhumanisme.

On le voit bien, il n'est pas si évident de tracer une ligne et de délimiter avec précision ce en quoi consiste le transhumanisme, car il ne parle pas d'une seule voix. Et le courant, car c'est bien d'un courant dont il s'agit, loge sous différentes étiquettes qui sont parfois en opposition les unes avec les autres. Toutefois, il n'en reste pas moins que plusieurs thèmes se recoupent et semblent indiquer que le courant transhumaniste soit parfaitement et totalement intégré dans l'unicité de son discours : l'homme reprend le contrôle de son évolution ; l'augmentation des capacités physiques et intellectuelles ; une préoccupation constante concernant cet état de bonheur qui devrait être perpétué indéfiniment ; des considérations majeures à propos de l'augmentation significative de l'espérance de vie ; une techno-utopie persistante quant à la possibilité d'une fusion homme-machine qui ouvrirait la voie à l'immortalité. Chacun de ces thèmes a été à l'origine d'une multitude de débats et le sera encore plus dans un avenir rapproché. Et si le courant transhumaniste n'est pour le moment qu'un courant marginal dans la sphère sociointellectuelle, il n'en reste pas moins que son discours soulève des questions existentielles fondamentales concernant le fait d'être un humain dans une société truffée de technologies.

Des concepts déjà actifs

J'ai, plus tôt, mentionné qu'il fallait revenir sur certains concepts énoncés par la philosophie transhumaniste, car certains de

[184] Haraway, D. (1991), *Simians, Cyborg, and Women : The Reinvention of Nature*, London: Free Association Books.

ceux-ci sont déjà actifs et ne datent pas d'hier. Aux fins de ma démonstration, je reviendrai sur les propositions initiales de Max More et de celles du groupe qui a rédigé le *Transhumanist Manifesto*.

Tout d'abord, en affirmant qu'il faut viser à un progrès perpétuel, on retrouve là non seulement toutes les idées de Condorcet à propos du progrès, mais on retrouve aussi cette idée du XIXe siècle associant développement scientifique et technologique à celui du développement d'une plus grande sagesse et d'une plus grande moralité. Lorsqu'il est question de « la suppression des limites politiques, culturelles, biologiques et psychologiques à la réalisation de soi », c'est tout le programme libertarien qui est ici convoqué, c'est-à-dire que les institutions étatiques doivent être réduites à leur plus simple expression et limitées aux pures fonctions régaliennes, voire même disparaître, et que la coercition qui contraint les individus pour fonctionner en société doit faire place à une coopération libre et volontaire. C'est bien d'une société ouverte dont rêvent les transhumanistes, non pas dans le sens de Hegel ou de Karl Popper (gouvernement réactif et tolérant où les mécanismes politiques sont transparents), mais bien dans le sens de « s'opposer au contrôle social autoritaire et préférer l'autorité de la loi et la décentralisation du pouvoir, préférer la négociation au conflit et l'échange à la contrainte, choisir l'ouverture à l'amélioration plutôt qu'une utopie statique. »

Les propositions transhumanistes sont aussi issues du libéralisme qui prône, dans le cadre d'un système de propriété et de marché universel, la liberté individuelle en tant que droit naturel où la liberté est conçue comme une valeur fondamentale des rapports sociaux, des échanges économiques et du système politique. À cet effet, le manifeste ne dit-il pas que « les transhumanistes affirment le droit moral de ceux qui le désirent, de se servir de la technologie pour accroître leurs capacités physiques, mentales ou reproductives et d'être davantage maîtres de leur propre vie et de s'épanouir tout en transcendant nos limites biologiques actuelles » ? C'est donc l'injonction à l'auto-orientation, c'est-à-dire « rechercher la pensée indépendante, la liberté individuelle, la responsabilité personnelle, l'auto-orientation, l'estime de soi et le respect des autres. »

Lorsque les transhumanistes parlent de transformation de soi « par la pensée critique et créative, la responsabilité personnelle et l'expérimentation » et un « optimisme pratique [nourri] par des attentes positives », ce qu'ils recyclent ici, ce n'est pas autre chose que cette idée de l'individu autonome que le XVIIIe siècle a mis d'avant et que les coachs de vie, au XXIe siècle, ont repris sous le thème de croissance personnelle — mettre sous perfusion de bonheur les gens et les amener à constamment se dépasser par la pensée positive et créatrice. D'ailleurs, l'arrivée sur la scène sociale des coachs de vie et des *positive thinkers* au milieu des années 1980 ne peut se comprendre que dans la logique de l'autonomie : c'est « l'injonction à être positif en trouvant les ressources en soi. [C'est proclamer] le triomphe de l'attitude sur les circonstances[185]. » Autrement dit, par sa seule attitude positive, un individu serait en mesure de renverser l'adversité des circonstances. Voilà l'essence même de la *self-reliance* et de son pouvoir d'attraction alimenté par l'industrie du *Life Success*. Dans ce projet de réalisation de soi, « il ne suffit plus d'être marié et employé, il est impératif de rester mariable et employable. Sculpter sa silhouette pour rester désirable pour son conjoint et perfectionner ses propres techniques de leadership pour conserver sa valeur dans l'entreprise où l'on travaille ne sont pas des options, mais des impératifs de la nouvelle économie[186]. » De plus, dans un contexte économique de plus en plus insécurisant, qui offre de moins en moins d'opportunités pour « réussir » sa vie, l'industrie de la croissance personnelle trouve toute sa place, car elle met bien en évidence le fait que « le succès économique ou l'infortune relève de la responsabilité individuelle et d'elle

[185] Ehrenberg, A. (2012), *La société du malaise*, Paris : Odile Jacob, p. 151.
[186] *Idem.*, p. 150.

seule. Les inégalités sociales ont eu beau s'accroître en deux décennies, le rêve américain ne faiblit pas[187]. »

Et elle est là la résilience américaine que reprennent à leur compte les transhumanistes, dans cette idée de la *self-reliance*, lieu de l'invention d'une subjectivité constamment renouvelée où la personne humaine, adéquate à son destin, se réalise par : (i) l'injonction d'exister, de sans cesse se créer et se recréer, de donner la preuve de son existence ; (ii) la recherche d'un équilibre entre deux termes : autorité/conformité (structure) et création de soi/authorship (agency) ; (iii) l'ancrage dans un territoire qui se veut la lumière du monde tournée vers l'avenir, à savoir, le rêve eschatologique américain de la cité sur la colline qui spécifie l'*American Way*, et c'est justement ce qui donne toute sa légitimité aux propositions transhumanistes. Comprendre cette logique c'est non seulement comprendre le peuple américain et sa capacité à rebondir devant l'adversité, mais c'est aussi comprendre pourquoi ce modèle de l'individu autonome est si cher aux transhumanistes, remettant en cause les fondements même du lien social dans les sociétés se réclamant de la social-démocratie.

Autrement, dire qu'il faut se dépasser sans cesse, s'étendre dans l'univers et avancer sans fin, c'est aussi reprendre les idées utopiques du réalisateur de la série de science-fiction Star Trek, Gene Roddenberry (1921-1991) : *To boldly go where no one has gone before* (Le courage d'aller là où personne n'est jamais allé), et d'avaliser celles de Ray Kurzweil qui chercher à faire en sorte que l'intelligence artificielle colonise l'univers entier[188]. De toute évidence, c'est vraiment cette idée qui est au cœur même de la pensée transhumaniste, avoir le courage d'aller là où personne n'est jamais allé, « rechercher l'augmentation biologique

---

[187] *Idem.*, p. 153.

[188] Kurzweil, R. (1999), *The Age of Spiritual Machines: When Computers Exceed Human Intelligence*, New York: Penguin Books.

et neurologique ainsi que le raffinement émotionnel et psychologique [...] appliquer la science et la technologie de façon créative pour transcender les limites naturelles que nous imposent notre héritage biologique, notre culture et notre environnement — voir la technologie non comme une fin en soi, mais comme un moyen d'améliorer la vie. » Et pour y parvenir, les transhumanistes proposent d'utiliser la pensée rationnelle, celle qu'Emmanuel Kant, au XVIIIe siècle, nous a invités à utiliser, « de préférer la raison à la foi aveugle et le questionnement au dogme — rester ouvert aux remises en question de nos croyances et de nos pratiques, à la recherche d'une amélioration perpétuelle et accueillir la critique de nos croyances existantes et être ouvert à des idées nouvelles. »

Au total, quand on y regarde le moindrement de près, il n'y a aucune idée vraiment nouvelle dans les propositions transhumanistes, tout juste un recyclage d'idées et de concepts qui plongent leurs racines dans le Siècle des Lumières, et ceci a une importance non négligeable aux fins de notre propos, car c'est la volonté affirmée depuis trois cents ans déjà de transformer l'homme, de l'améliorer et de le rendre meilleur. De là, le transhumanisme ne serait que l'une de ces multiples possibilités de transformer l'homme, tout comme les régimes totalitaires du XXe siècle avaient tenté de le faire. La différence, cette fois-ci, et elle est de taille, c'est qu'aucune coercition étatique ne sera exercée pour arriver à cette fin. Pourquoi ? Parce que les régimes totalitaires violents ont tout simplement cédé la place au totalitarisme doux, gentil et non coercitif des géants de la Silicon Valley. La société Google ne dit-elle pas, dans son slogan, *Don't be evil* ?

Des connotations religieuses

Au tournant du second millénaire, alors que certains philosophes et sociologues décèlent dans le discours transhumaniste des relents de religion, le christianisme, et particulièrement les différentes déclinaisons du protestantisme, trouveront dans celui-ci des échos à propos de ce paradis que l'homme doit se construire ici même sur terre[189]. Bien que les tenants du transhumanisme récusent toutes connotations religieuses ou toutes affiliations religieuses de quelque nature qu'elle soit, il n'en reste pas moins que, bien que certains théologiens aient été très critiques du transhumanisme, plusieurs autres ont plutôt été enclins à considérer avec grand intérêt certaines idées avancées par le courant transhumaniste et même de leur fournir des assises théologiques[190]. À ce titre, le théologien américain Philip Hefner, en particulier, a bien différencié deux types de transhumanisme : le transhumanisme ostensible et le transhumanisme discret. Alors que le premier fonctionne sur le mode fantastique, les annonces tonitruantes et les hypothèses hautement spéculatives, le second se cantonne plutôt à des questions pragmatiques concernant la condition humaine de tous les jours d'où émerge de simples préoccupations : « doit-on ou non augmenter les capacités physiques et intellectuelles de l'être humain ou même d'en corriger certains aspects indésirables ? » ou « devons-nous accepter la condition humaine telle qu'elle nous a été donnée alors que nous n'étions qu'un fœtus[191] ? »

Toujours dans le même ordre d'idées, au milieu des années 2000, alors que l'*American Academy of Religion* admettait qu'il devait y avoir débat à propos des questions liées au transhumanisme, et même si le transhumanisme refusait toute association avec tout ce qui représente de près ou de loin une religion, l'Église de Jésus-Christ des Saints des derniers jours (Église Mormone), pour sa part, ne faisait pas seulement qu'endosser les

---

[189] Waters, B. (2006), *From Human to Posthuman: Christian Theology and Technology in a Postmodern World*, Aldershot England and Burlington Vermont: Ashgate.

[190] Hefner, P. (2003), *Technology and Human Becoming*, Minneapolis : Fortress Press.

[191] Hefner, P. (2009), « The Animal that Aspires to Be an Angel » : The Challenge of Transhumanism», *Dialog : Journal of Technology*, vol. 48, n° 2. P. 164-173 [166].

idées avancées par le transhumanisme, mais mettait sur pied sa propre variante transhumaniste, sans compter qu'en 2006, la *World Transhumanist Association* accordait en catimini à la *Mormon Transhumanist Association* le statut d'association religieuse transhumaniste affiliée. Toutes ces accointances avec le milieu de la recherche universitaire, les capital-risqueurs, l'entreprise privée et la religion ne sont pas innocentes et reflètent en bonne partie la dimension eschatologique du devenir de l'homme et de son environnement à travers le transhumanisme. Il y a définitivement là des thuriféraires du pouvoir technologique.

Les connotations religieuses judéo-chrétiennes sont aussi très présentes dans le discours transhumaniste : un être divin omniscient (la singularité technologique) ; un être divin omnipotent (une superintelligence artificielle) ; une évasion du corps et de ce monde de larmes et de souffrances dans lequel nous vivons (télécharger l'esprit dans un ordinateur) ; un moment de transfiguration (la singularité technologique comme moment de transcendance pour l'humanité) ; des prophètes (les technoévangélistes des entreprises de la Silicon Valley) ; des prêcheurs qui portent les habits de leur congrégation (les technoévangélistes qui portent des vêtements intelligents et utilisent les toutes dernières technologies) ; un enfer et des démons (la conscience éternellement confinée à une simulation informatique). Consciemment et inconsciemment, les vieilles idées religieuses judéo-chrétiennes sont recyclées, apprêtées à d'autres sauces et vêtues de nouveaux habits, formant ainsi la trame narrative d'un discours qui n'a rien d'innocent.

Et ce discours, quant à lui, possède tous les traits d'un discours religieux, bien que tous les transhumanistes de la planète s'en défendent avec vigueur. Et pourtant, quand on examine attentivement les idées avancées par le courant transhumaniste, il est tout à fait légitime de se demander ce qui se cache derrière cette confluence de récits à propos du futur de l'humanité. En fait, lorsque nous essayons de décrire l'ineffable — la singularité, le futur lui-même —, même les plus séculiers d'entre nous sont forcés d'utiliser un vocabulaire métaphysique de nature religieuse. En essayant de penser comment interagir avec une autre forme d'intelligence, en tentant de savoir comment convoquer cette intelligence, et en spéculant sur l'avenir qu'une telle intelligence sera susceptible de forger pour nous, nous nous appuyons sur d'anciennes habitudes culturelles héritées du judéo-christianisme. À n'en pas douter, la perspective de créer un posthumain nous invite tous à nous interroger sur la condition humaine et sa destinée, et pour y parvenir, nous utilisons les mots que nos ancêtres ont utilisés avant nous, car les *logos* de la pensée judéo-chrétienne nous permettent de concevoir une vision posthumaine avec la plus grande efficacité possible.

Le progrès selon le transhumanisme

> Lorsque Condorcet affirme qu'il arrivera un temps où la mort ne sera plus que l'effet ou d'accidents extraordinaires, ou de la destruction de plus en plus lente des forces vitales, et qu'enfin la durée de l'intervalle moyen, entre la naissance et la destruction n'aura elle-même plus aucun terme assignable, il signale de façon quasi prophétique, à 300 ans de distance, que la mort est un Rubicond qui doit obligatoirement être franchi.

Un autre transhumanisme est possible ! C'est en ces termes que Marc Roux, le président de l'Association française transhumaniste (AFT-Technoprog), s'adressait aux participants du colloque « *Transhumanisme, homme augmenté, quelles limites thérapeutiques, techniques, éthiques ?* » tenu à Paris le 9 mars 2016[192]. Cette phrase est intéressante à deux égards. Premièrement, par le simple fait de l'opposition qu'elle suggère, puisqu'elle se réclame d'un transhumanisme plus « social, rejetant la philosophie libérale-libertaire californienne ». Deuxièmement, il n'y a qu'une certaine partie de la population qui soit au courant du projet transhumaniste initialement porté par des gens comme l'ingénieur américain Ray Kurzweil et les entreprises de la Silicon Valley. Troisièmement, en matière de transhumanisme, les Américains ont non seulement une longueur d'avance appréciable par le seul fait qu'il possède leur propre université, la *Singularity University*[193], mais aussi par le fait que les investisseurs spécialisés en capital de risque se servent de cette université comme incubatrice de *start-up* et qu'ils y ont déjà convié les plus éminents chercheurs

[192] Sender, E. (2016), *Un autre transhumanisme est-il possible ?*, Paris : Sciences et Avenir, 15 mars.
[193] http://singularityu.org/overview/.

du monde des nanotechnologies, des neurotechnologies, de la génétique, de l'intelligence artificielle, de la bioinformatique et des sciences cognitives.

Pour rappel, et comme nous l'avons déjà entrevu, le transhumanisme est avant tout un courant intellectuel qui préconise l'idée centrale que la condition humaine est une condition qui doit être dépassée — la mort, la maladie, les handicaps n'étant pas des états désirables. La singularité technologique, idée avancée par Ray Kurzweil, pour sa part, stipule que, à partir d'un point hypothétique de son évolution technologique, la civilisation humaine pourrait bien connaître une croissance technologique d'un ordre supérieur. La rencontre de ces deux concepts n'a rien de moins que l'intention et la volonté de changer le monde. D'ailleurs, la *Singularity University* ne dit-elle pas, à travers son slogan, que « Notre mission est d'éduquer, d'inspirer et d'amener les gens en position de pouvoir à mettre en œuvre des technologies aux capacités exponentielles qui seront en mesure de confronter les grands défis de l'humanité[194]. » Et ces défis, pour n'en nommer que quelques-uns, se répartissent comme suit : éducation, énergie, environnement, alimentation, santé, pauvreté, sécurité, espace, approvisionnement en eau. « En moins de six ans, nous avons, en collaboration avec nos membres et nos partenaires, mis sur pied plus de 100 start-ups et avons déjà obtenu plusieurs brevets et généré plusieurs idées pour faire avancer notre mission. » Ces affirmations sont unificatrices, car elles ont un poids à la fois sociopolitique et économique qui a une importance beaucoup plus considérable qu'on pourrait le croire de prime abord.

Mais avant de se lancer dans l'exploration de ce phénomène, il faut tout d'abord comprendre pourquoi, une fois de plus, comme pour bien d'autres projets d'envergure, les Américains ont été les premiers à s'y aventurer et à y investir des sommes

[194] « Our mission is to educate, inspire and empower leaders to apply exponential technologies to address humanity's grand challenges. » URL : http://singularityu.org/overview/.

d'argent colossales. En fait, sans perspective historique, il est particulièrement difficile de se faire une idée relativement juste de ce qui se trame aujourd'hui à propos du corps.

Lorsque Condorcet écrivait qu'« il arrivera un temps où la mort ne sera plus que l'effet d'accidents extraordinaires, ou de la destruction de plus en plus lente des forces vitales » (Condorcet, 1795), il ne se contentait pas de philosopher à l'heure du bougie et du papier jauni : il imaginait déjà une époque où l'homme pourrait regarder la mort avec un soupçon d'ironie, comme on regarde un obstacle bureaucratique. Trois cents ans plus tard, cette intuition sonne presque prophétique : la mort pourrait bien devenir ce que Condorcet avait pressenti, un simple Rubicond à franchir grâce à l'ingéniosité humaine.

« Un autre transhumanisme est possible ! » déclarait Marc Roux lors du colloque *Transhumanisme, homme augmenté, quelles limites thérapeutiques, techniques, éthiques ?* (2016). Derrière cette formule presque théâtrale se cache un double message. D'une part, Roux oppose un transhumanisme « social », réfléchi, presque raisonnable, au modèle californien, plus libertaire et techno-utopique, qui imagine l'homme comme une start-up ambulante. D'autre part, il révèle la grande surprise : une majorité d'entre nous ignore encore que derrière le fantasme futuriste de l'homme immortel se cache un vrai projet scientifique, avec ses laboratoires, ses chercheurs et ses brevets.

Ray Kurzweil, figure emblématique du transhumanisme californien, n'a jamais caché ses ambitions : dans *The Singularity Is Near* (2005), il prédit un point où l'accélération technologique rendra l'avenir « presque méconnaissable ». La création de la Singularity University n'a rien d'anodin : financée par Google et une kyrielle d'investisseurs, elle est devenue le laboratoire mondial des technologies exponentielles — nanotechnologies, IA, biotechnologies, neurosciences — et un vivier de start-ups prêtes à résoudre les « grands défis de l'humanité » avec la même assurance que certains résolvent un Rubik's Cube.

Et il faut bien le dire, ces ambitions ne sont pas seulement théoriques : les nanorobots capables de réparer des tissus humains de l'intérieur (Freitas, 1999), l'édition génomique via CRISPR (Doudna & Charpentier, 2012), ou les interfaces cerveau-machine qui promettent de restaurer des fonctions neurologiques perdues, sont des technologies que Condorcet, même dans ses rêves les plus fous, n'aurait jamais osé imaginer. Le transhumanisme, sous ses dehors un peu naïfs, ne cherche rien moins que le contrôle sur la vie elle-même — et donc sur la mort, ce vieux tyran.

Les Américains, comme souvent, ont pris une longueur d'avance. Avec leur culture technoscientifique où universités, entreprises et capital-risque dansent le même tango, ils ont su transformer les rêves de laboratoire en véritables industries du futur (Hughes, 1989 ; Castells, 1996). Le corps humain n'est plus seulement un organisme biologique, il devient un **projet de design**, soumis aux caprices de la créativité technologique.

Ainsi, ce qui aurait pu sembler autrefois de la science-fiction — la régénération des organes, l'augmentation des capacités cognitives, la prolongation radicale de la vie — est aujourd'hui à portée de brevet. Et si Condorcet avait pu jeter un œil sur notre époque, il aurait peut-être souri : la mort, ce destin universel, n'est plus seulement une fatalité. Elle est, désormais, un problème technique. Avec un petit sourire ironique, on pourrait dire : « à vos marques, prêts, immortalisez ! »

Références (style APA)

Bostrom, N. (2014). *Superintelligence: Paths, dangers, strategies.* Oxford University Press.

Castells, M. (1996). *The Rise of the Network Society*. Blackwell Publishing.

Condorcet, M. de. (1795). *Esquisse d'un tableau historique des progrès de l'esprit humain.*
Doudna, J. A., & Charpentier, E. (2012). "The new frontier of genome engineering with CRISPR-Cas9." *Science*, 337(6096), 816–821.
Freitas, R. A. (1999). *Nanomedicine* (Vol. 1). Landes Bioscience.
Habermas, J. (2002). *L'Avenir de la nature humaine.* Gallimard.
Hughes, T. P. (1989). *American Genesis: A Century of Invention and Technological Enthusiasm.* Penguin.
Kurzweil, R. (2005). *The Singularity Is Near.* Viking.
More, M. (1996). "The Extropian Principles." *Extropy Institute.*

L'âme ou le corps

La connaissance antique présumait que le sujet devait se transformer dans son être pour appréhender la vérité et donc d'être apte à la connaissance. La chose était possible, car à cette époque, l'âme avait préséance sur le corps, même si, pour Épicure, l'âme possédait une nature corporelle, matérielle en quelque sorte, composée de particules atomiques disséminées dans le substrat que constitue notre corps. Sans entrer ici dans les différentes conceptions de l'âme qui avait cours dans l'Antiquité, il importe de savoir que, peu importe la position philosophique adoptée, matérialiste comme idéaliste, le corps était subordonné à l'âme. Mais de tous, ce sont les stoïciens qui ont bien résumé la position à adopter à propos du corps, et elle nous vient de Sénèque, alors qu'il s'adresse par lettre à Lucilius :

> « C'était chez nos pères un usage, observé encore de mon temps, d'ajouter au début d'une lettre : « Si ta santé est bonne, je m'en réjouis ; pour moi, je me porte bien. » À juste titre aussi nous disons-nous : Si tu pratiques la bonne philosophie, je m'en réjouis. C'est là en effet la vraie santé, sans laquelle notre âme

> est malade et le corps lui-même, si robuste qu'il soit, n'a que les forces d'un furieux ou d'un frénétique. Soigne donc par privilège ta santé de l'âme : que celle du corps vienne en second lieu ; et cette dernière te coûtera peu, si tu ne veux que te bien porter. Car il est absurde, cher Lucilius, et on ne peut plus messéant à un homme lettré, de tant s'occuper à exercer ses muscles, à épaissir son encolure, à fortifier ses flancs. Quand ta corpulence aurait pris le plus heureux accroissement, et tes muscles les plus belles saillies, tu n'égaleras jamais en vigueur et en poids les taureaux de nos sacrifices. Songe aussi qu'une trop lourde masse de chair étouffe l'esprit et entrave son agilité. Cela étant, il faut, autant qu'on peut, restreindre la sphère du corps et faire à l'âme la place plus large. Que d'inconvénients résultent de tant de soins donnés au corps ! D'abord des exercices dont le travail absorbe les esprits et rend l'homme incapable d'attention forte et d'études suivies ; ensuite une trop copieuse nourriture qui émousse la pensée. »

Au risque de me répéter, Platon, quant à lui, sous la formule « Si tu veux connaître le gouvernement des hommes [...] commence par te soucier de toi-même, commence par t'occuper de toi », prescrivait à l'individu non pas de se connaître, mais de s'occuper de soi-même à travers le thérapeutique voué à une pratique du culte de l'être qui soigne l'âme. Épicure, pour sa part, suggérait d'être le thérapeute de soi-même pour véritablement accéder à la connaissance de la vérité. En somme, la connaissance de soi était subordonnée au souci de soi, l'idée centrale étant que l'individu se préoccupe de lui-même, c'est-à-dire qu'il juge par lui-même des choses, et partant de là qu'il acquière les connaissances voulues pour agir.

Chez Platon, trop cultiver le corps, le développer de façon à le rendre encore plus beau, plus fort et plus agile que ce que la nature commande, c'est ne pas lui faire honneur. Et pourtant, toute la statuaire grecque joue sur ce corps aux dimensions parfaites.

Y a-t-il là paradoxe ? En fait, non, car chez les Grecs de l'Antiquité l'état du corps reflétait l'état de l'âme et non l'inverse. Aujourd'hui, cette notion d'âme et de corps intimement liés passerait pour tout à fait incongrue, pour la simple raison que n'existe plus que le corps. Dans le contexte actuel, le corps ne reflète que le corps. Le corps en forme et en santé ne renvoie plus à une quelconque bonté ou vertu de l'âme, mais se suffit à lui-même comme corps vertueux. Par exemple, faire du jogging tout en étant vêtu du survêtement approprié (griffé ou non), c'est avant tout montrer que le propriétaire du corps a un comportement vertueux, en ce qu'il adhère au discours dominant de la santé corporelle. Ici, le corps ne reflète pas l'état de l'âme de son propriétaire, mais en affiche bel et bien les comportements vertueux auxquels il a décidé de souscrire. Avoir une âme bonne n'est plus le motif moteur qui se lit dans la forme du corps, l'idée étant d'avoir un bon corps qui se lit dans la forme du corps, alors que chez les Grecs, la nature du corps étant déterminée,

> « l'homme était confronté à une sorte d'intemporalité qui l'obligeait à reconnaître des limites. Il ne pouvait que se rapprocher ou s'éloigner de cet état de perfection qu'incarnaient les dieux. Par contraste, le record, dans le sport moderne, n'est qu'une limite qui appelle un dépassement, il n'est qu'un jalon dans la route de l'homme vers l'avant. L'éternité n'est plus le fait de la fixité des choses dans leur perfection ; l'éternité n'est qu'une succession de bornes kilométriques le long d'une route qui conduit au seul terme que l'on puisse envisager : le corps devenu immortel grâce au progrès scientifique[195]. »

Aucune autre époque, pas même la Renaissance, n'a su faire triompher la beauté corporelle avec autant d'éclat. Comment expliquer cette pure délectation pour la forme humaine dont l'athlète représentait, selon le sculpteur grec Polyclète, l'idéal ?

[195] Lebleu, B. (2012), Grèce antique : le sport et la paideia, Encyclopédie de l'Agora.

« La nature antique, disait Spengler, dans *Le Déclin de l'Occident*[196], c'est le corps, et si l'on plonge une fois ses regards dans cette manière de sentir, on comprendra avec quels yeux un Grec suivait sur un relief le mouvement des muscles d'un corps nu. »

Alors, si la conduite philosophique est la conduite humaine dans laquelle s'expriment les idées philosophiques, donc le corps du stoïcien est la meilleure image de l'âme stoïcienne. Sénèque avait d'ailleurs bien saisi la chose, alors qu'il s'adressait à son ami Lucilius :

> « J'avoue qu'est implanté en nous un attachement à notre propre corps ; j'avoue que nous en assumons la tutelle. Je ne nie pas qu'il faille lui complaire, je nie qu'il faille en être l'esclave ; on sera, en effet, l'esclave de bien des gens si l'on est celui de son corps, si l'on craint trop pour lui, si l'on rapporte tout à lui[197]. »

À 2 000 ans de distance, les propos de Sénèque ont de quoi interpeller. Qui aujourd'hui n'a pas fait de son corps le maître en tout ? Qui ne rapporte pas tout au corps ? Qui ne craint pas constamment pour son corps ? La médecine actuelle, qui n'est plus tout à fait une médecine qui guérit, mais bien une médecine qui agit en amont pour prévenir d'éventuels problèmes de santé, a fait en sorte que nous craignons beaucoup pour notre corps. Comme nous l'avons vu au chapitre 8, tests de dépistages de toutes sortes, utilisation de plus en plus répandue d'applications embarquées dans les téléphones intelligents pour mesurer l'activité métabolique du corps, toutes ces technologies ont irrémédiablement rapproché l'horizon de la peur. Nous devrions être sécurisés, alors que la crainte d'une quelconque défaillance qui pourrait survenir à tout instant nous est chevillée au corps. À ce sujet, Sénèque précisait qu'« à trop l'aimer [le corps], nous sommes troublés de craintes, chargés d'inquiétudes. » Et il avait

---

196 Spengler, O. (1948), *Le déclin de l'Occident*, Paris : Gallimard, p. 148.
197 Sénèque (1992), p.

bien raison. Épicure, pour sa part, précisait que même les dieux avaient besoin d'un corps, car le corps, dans la perspective épicurienne, était instrument de bonheur. Mais voilà, l'arrivée de la médecine technoscientifique a changé la donne en formulant l'idée que, du moment qu'un savoir est scientifiquement exact, il est alors possible pour le médecin de le transvaser vers son patient, sans pour autant savoir si ce dernier se révèle apte à l'accueillir, d'où le rapprochement de l'horizon de la peur, comme nous l'avons vu au chapitre 9.

Si les stoïciens invitaient à restreindre la sphère du corps pour faire place à l'âme, le transhumanisme renverse cette logique en élargissant indéfiniment les possibilités du corps, désormais conçu comme perfectible à l'infini. L'idéal stoïcien d'une maîtrise de soi intérieure se trouve remplacé par un idéal d'ingénierie, où la maîtrise passe par l'implant, l'algorithme, la prothèse intelligente ou l'édition génétique. Cette obsession du dépassement perpétuel, du record dans le sport à la quête de l'immortalité biologique, prolonge le mouvement moderne décrit plus haut : l'homme n'accepte plus la fixité de sa condition et refuse toute limite naturelle. Le perfectionnement de l'être n'a plus pour but la sagesse, mais la performance ; il ne vise plus l'harmonie intérieure, mais l'efficacité mesurable.

Enfin, l'horizon transhumaniste réactive la question, autrefois centrale, de ce qui constitue véritablement l'humain. Si, pour l'Antiquité, l'homme ne pouvait tendre vers la perfection qu'en cultivant son âme, cette dimension invisible, mais fondamentale, le transhumanisme contourne le débat en proposant une perfection strictement matérielle, calculable et technologiquement médiée. En cherchant à abolir la vieillesse, la maladie ou même la mort, il inaugure un nouvel imaginaire où la condition humaine n'est plus un donné à interpréter, mais une matière première à transformer. Là où les sages anciens appelaient à soigner l'âme pour apaiser les craintes, le projet transhumaniste promet d'abolir la crainte en supprimant ce qui en est la source : la finitude du corps. Ainsi, il ne poursuit pas seulement l'idéal grec du corps parfait ; il s'affranchit même de l'idée grecque de limite, en rêvant d'une humanité sans corps naturel, ou du moins sans corps vulnérable.

Dans cette époque où le corps a pris toute la place, au point qu'on peine parfois à se rappeler qu'une « âme » fut jadis un concept utile, le transhumanisme s'impose presque naturellement comme l'héritier de cette révolution silencieuse. Puisque nous avons renversé l'ancien ordre où l'âme guidait le corps, il n'est pas étonnant que certains proposent aujourd'hui de pousser la logique jusqu'au bout : améliorer, optimiser, retoucher et, pourquoi pas, réinventer ce corps désormais roi. Les Anciens cherchaient à transformer leur être pour accéder à la vérité ; nous, plus pragmatiques, préférons transformer nos tissus, nos neurones et nos capacités, convaincus qu'un cerveau un peu mieux câblé nous rapprochera plus sûrement de la sagesse. Après tout, est-il vraiment nécessaire de méditer quand une interface neuronale peut faire (presque) le travail ?

Là où un stoïcien recommandait de laisser un peu d'espace à l'âme en évitant de trop s'encombrer de chair et de muscles, le transhumanisme propose exactement l'inverse : élargir sans fin le terrain du corps, devenu chantier d'ingénierie permanente. Les implants, algorithmes, gènes réécrits et prothèses intelligentes composent désormais une nouvelle panoplie d'outils permettant de cultiver un « soi » plus performant. L'idée d'un perfectionnement intérieur laisse place à une optimisation extérieure, réglée comme un tableau de bord. L'important n'est plus de se maîtriser soi-même, mais de maîtriser son architecture biologique, ce qui, il faut l'admettre, peut sembler plus rapide, à condition de disposer du bon budget.

Au fond, l'horizon transhumaniste remet en scène, avec des moyens bien plus technologiques, la vieille question de ce qui fait l'humain. Les Grecs pensaient qu'on devenait meilleur en soignant son âme ; nous pensons plutôt qu'on devient meilleur en soignant ses cellules, son code génétique et ses connexions synaptiques. En cherchant à abolir la vieillesse, la maladie et, si possible, la mort, le transhumanisme ne se contente pas de poursuivre l'idéal antique du corps parfait : il s'en affranchit complètement. Pourquoi accepter les limites humaines quand on peut les « mettre à jour » ? Et puisque la peur de la finitude tourmentait tant les philosophes, certains transhumanistes semblent avoir trouvé la solution : éliminer la finitude elle-même. Voilà qui simplifie drôlement les choses... Encore faut-il que le corps, même augmenté, accepte de suivre le programme.

Une condition humaine à améliorer

La philosophie antique avait fort bien compris la chose, d'où le tétrapharmakon d'Épicure pour échapper à la douleur, d'où la position stoïcienne face à la vie et la mort, d'où Sénèque qui dit à qui veut l'entendre que « la mort […] soit elle ne t'atteint pas, soit elle passe », d'où le discours chrétien d'une vie passée dans une vallée de larmes et de douleurs avec un paradis de bonheur et de miel à la clé, d'où le discours bouddhiste de nier totalement le corps pour s'abandonner dans un nirvana extatique, mettant ainsi de côté les affres du corps, d'où le discours hindouiste de la réincarnation, car dans cet incessant cycle du passage de la vic à la mort, la condition de vie devrait s'améliorer d'une fois à l'autre. On peut y voir, avec un brin d'ironie, les premiers “patchs logiciels” de l'humanité : chacun propose une manière de contourner les limites du corps. Là où les anciens imaginaient l'âme comme moyen d'upgrader la douleur, le transhumanisme propose aujourd'hui des solutions plus… matérielles : implants neuronaux, neurostimulation, thérapies géniques. Le rêve d'Épicure de neutraliser la souffrance trouve désormais sa version 2.0 dans les technologies qui visent à déraciner la douleur à sa source biologique plutôt qu'à la relativiser philosophiquement.

Toutefois, peu importe la croyance, peu importe ce que différentes civilisations ont imaginé comme solutions à propos de la mort, à un moment donné, un constat a dû être posé : la condition humaine est une véritable pitié. De là, les civilisations de l'Antiquité ont imaginé des dieux et des demi-dieux en contradiction totale avec le corps souffreteux du genre humain : immortels ; en santé ; forts et puissants. Même le christianisme s'est inventé un Christ dont le corps a été transmué et exempt de tout ce qui afflige la vie de l'homme. Le philosophe védantique Sri Aurobindo a lui aussi imaginé l'homme supramental dont le corps est libéré de tous les atavismes qui l'affectent, à condition de se plonger à plein dans la vie divine. Nietzsche a bien cerné la chose : des arrières-mondes. Le transhumanisme s'inscrit exactement dans cette lignée : il ne crée pas de nouveaux dieux, il tente simplement de donner aux humains les attributs des dieux antiques — longévité radicale, puissance cognitive accrue, régénération cellulaire. Là où le mythe parlait de corps glorieux, la Silicon Valley parle de “longevity escape velocity”. Les dieux servaient de modèles idéaux ; les technologies contemporaines les reconfigurent en objectifs d'ingénierie.

Autre point important, il a rapidement été décrété, tôt dans l'Antiquité, qu'il n'était pas bon que l'homme puisse devenir l'égal des dieux. Les chrétiens, pour leur part, ont eu leur version avec Ève, la femme d'Adam, qui croqua la pomme pour accéder à la connaissance et devenir l'égal de Yahvé ; mauvais choix. Quelles alternatives se sont dès lors présentées pour améliorer la condition humaine ? La vie vertueuse, la vie pieuse, la vie bonne, entretenir avec les dieux ou avec Dieu de bonnes relations, et accepter la condition humaine telle qu'elle est, souffrir en ce bas monde pour mieux accéder à la vie éternelle, celle de la vie sans souffrance. Même Marc-Aurèle dira « Que la force me soit donnée de supporter ce qui ne peut être changé et le courage de changer ce qui peut l'être, mais aussi la sagesse de distinguer l'un de l'autre. » On le voit bien, il existerait des mises en garde importantes. Le transhumanisme, lui, contourne complètement cet interdit. Il affirme qu'il n'y a pas de limites sacrées ; seulement des problèmes techniques non encore résolus. Les mises en garde antiques deviennent dans notre époque des “risques calculés” : IA trop autonome, biologie de synthèse incontrôlable, corps progressivement redéfini par des normes technoscientifiques. Autrement dit, la tentation de devenir l’égal des dieux n’a pas disparu — elle a simplement changé de laboratoires.

Même si les sources de la douleur et de la souffrance ont peu changé au fil du temps, en revanche, les façons d’y faire face, elles, ont particulièrement été remises en question. Ce qui était autrefois considéré comme une réalité incontournable de la vie est graduellement devenue un problème à résoudre. Comment, pourquoi et quand cette nouvelle façon de concevoir les choses à propos de la vie a-t-elle réellement émergé est un sujet que les chercheurs et les historiens aiment bien aborder, mais une chose est certaine, des penseurs comme Francis Bacon et René Descartes ont joué un rôle majeur dans la formulation de cette nouvelle représentation : la misère, la pauvreté, la maladie, la souffrance et la mort elle-même ne doivent pas être considérées comme des conditions permanentes de la vie qui nous lient à l’au-delà, mais bien des défis posés à notre intelligence, à notre inventivité et à notre ingéniosité. C’est exactement le point de départ du transhumanisme : transformer le corps en objet de maîtrise technique, optimiser ses fonctions, corriger ses défauts, augmenter ses capacités. Les philosophes du XVIIe siècle, sans le savoir, ont fourni le socle intellectuel des biotechnologies contemporaines. Là où ils parlaient domination de la nature, les transhumanistes parlent désormais de “design de soi”.

Tout au long du présent essai, j’ai bien montré comment a été mise en œuvre cette volonté de changer la condition humaine. Et encore là, au risque de me répéter, le parcours de protection de soi, depuis le Moyen-Âge jusqu’à aujourd’hui, se cale dans des finalités fort différentes en fonction des époques, des savoirs disponibles et des pratiques médicales en vigueur, mais la finalité est toujours la même. Au Moyen-Âge, il s’agit de repousser le mal, sous toutes ses formes, y compris magiques. À la Renaissance, il s'agit d'isoler le mal en établissant des frontières physiques. Au XVIIIe siècle, il s'agit de prévenir le mal en mettant d'avant un ensemble de pratiques prophylactiques. Au XIXe siècle, avec l'arrivée de la médecine clinique, il s'agit désormais de maîtriser le mal à la source. Au XXe siècle, il s'agit non plus d'uniquement maîtriser le mal à la source, mais aussi de l'éradiquer autant que faire se peut. Au XXIe siècle, la volonté est claire : il faut transcender le mal, le dépister, le traquer dans le gène, l'éviter de s'exprimer et de se manifester. Le transhumanisme représente l'aboutissement logique de ce mouvement : non plus seulement se protéger du mal, mais repenser totalement le corps pour qu'il devienne *infiniment moins vulnérable*. Thérapie génique préventive, interventions CRISPR, optimisation cognitive : ce qui était jadis une lutte défensive devient une opération proactive visant à refaçonner la condition humaine en profondeur.

Ce parcours de la protection de soi trouve dans les nanotechnologies un partenaire hors du commun. En effet, l'équipe du NanoPhotonics Center de l'Université de Cambridge, dirigée par le docteur Tao Ding[198], est parvenue à mettre au point une technologie nanométrique qui pourrait bien avoir des impacts majeurs sur notre santé. Il s'agit d'un dispositif minuscule, d'une dimension de 200 nanomètres (un atome mesure 5 nanomètres), qui a pour fonction essentielle de fournir l'énergie nécessaire à de petits robots nanométriques dont la fonction est de délivrer des médicaments au cœur même de cellules malades[199]. Dans la vision transhumaniste, ce type d'innovation n'est qu'un début : un futur où le corps est constamment parcouru de nanorobots réparateurs, où les maladies sont stoppées avant même leur apparition, et où la frontière entre organisme et machine devient

[198] http://www.np.phy.cam.ac.uk/people/ding-tao.
[199] Ding, T., Valeva, V. K., Salkona, A. R. et al. (2016), « Light-induced actuating nanotransducers », *Proceedings of the National Academy of Sciences*, vol. 113, n° 20, p. 5503-5507.

poreuse. Nous entrons dans l'ère du corps “auto-réparable”, un vieux rêve mythologique désormais reformulé en protocole scientifique.

Jusqu'à tout récemment, la technologie utilisée pour effectuer ce genre de tâche consistait essentiellement à faire ni plus ni moins que de l'origami avec de l'ADN pour fabriquer des micros propulseurs afin que de petits robots nanométriques puissent acheminer les médicaments aux cellules malades. En revanche, le problème, et il était de taille, c'est que cette technologie manquait de puissance et de vitesse pour effectuer le travail requis. Pour bien comprendre le phénomène, lorsque vous nagez, l'eau offre une résistance importante et vous oblige à déployer beaucoup d'énergie pour parvenir à avancer. Imaginez maintenant que votre taille soit réduite à une dimension de l'ordre de 200 nanomètres : le liquide qui vous entourera aura alors une consistance quasi visqueuse, ce qui exigera de votre part encore beaucoup plus d'énergie à déployer pour parvenir à vous déplacer. De là, tout le problème de la vitesse de déplacement dans un fluide biologique à cause d'un manque patent de puissance.

Ce que l'équipe du docteur Ding a réussi comme tour de force, c'est de concevoir une technologie qui agit comme un ressort afin de propulser les robots nanométriques. L'idée est la suivante : ces nanoparticules, constituées d'atomes d'or liés par un matériau thermosensible, se repoussent mutuellement lorsqu'elles sont à température ambiante. Si on les chauffe de quelques degrés avec un rayon laser, elles emmagasinent de l'énergie et les nanoparticules ont alors tendance à se regrouper. Étant donné que, dans l'obscurité du corps et à température ambiante du corps, la température de ces nanoparticules baisse rapidement, alors celles-ci recommencent à se repousser mutuellement. De cette façon, les nanoparticules, en se repoussant mutuellement, se comportent à la manière d'un puissant ressort en libérant une importante quantité d'énergie qui propulse ainsi à grande vitesse dans les fluides biologiques les robots nanométriques qui doivent délivrer les médicaments aux cellules malades.

Au total, les transhumanistes, et tous ceux qui œuvrent dans l'univers des biotechnologies et des nanotechnologies, ne font que prolonger cette idée formulée par Francis Bacon et René Descartes et profondément ancrée voulant que la condition humaine puisse être améliorée. Il faut maintenant se poser une question : la mouvance transhumaniste est-elle essentiellement à l'aune de la philanthropie ou n'est-elle pas aussi teintée de misanthropie ? En fait, en augmentant l'homme, ne sommes-nous pas en train de mettre en place un futur où l'homme sera de plus en plus absent, remplacé par des technologies de plus en plus intelligentes ? Autrement dit, quels éléments du discours transhumaniste réussiront à s'implanter qui normaliseront nos attitudes et nos comportements pour faire en sorte que le corps inévitablement augmenté devienne socialement acceptable ? C'est l'ambiguïté centrale du transhumanisme. Améliorer l'humain peut signifier le libérer — mais aussi le rendre obsolète. Normaliser un corps augmenté, c'est potentiellement marginaliser le corps "non augmenté". Les technologies censées nous porter pourraient aussi nous remplacer. Le discours transhumaniste oscille ainsi entre promesse de salut biologique et risque d'effacement de l'humain au profit de systèmes post-humains.

Une immortalité à inventer

Marie Jean Antoine Nicolas de Caritat, mieux connu sous le nom de Marquis de Condorcet (1743-1794), était l'un de ces penseurs typiques de l'époque du Siècle des Lumières. À la fois mathématicien et philosophe, humaniste, défenseur de l'égalité pour les femmes et de la tolérance religieuse, grand admirateur et biographe de Voltaire, d'obédience économique libérale, inventeur du concept du droit d'auteur, porteur d'un important projet d'instruction publique, inspirateur du système métrique, ardent partisan de tout ce qui pouvait sortir l'homme de son état de minorité, Condorcet a été à son époque une figure dominante du projet des Lumières, à savoir, « faire un usage public de sa raison dans tous les domaines[200] », c'est-à-dire user de la critique et de la liberté absolue de jugement pour se délivrer des préjugés, des superstitions et des illusions. Son livre, *Esquisse d'un tableau historique des progrès de l'esprit humain*, fera époque. À 220 ans de distance, il est d'une importance capitale aux fins de la présente discussion, parce que l'auteur est convaincu que les progrès de la raison — le projet intrinsèque des Lumières, à savoir l'ordre rationnel — sera suffisant pour éliminer la barbarie. Quelle n'est pas sa déception de constater que, à son époque, si peu a pu être fait pour assurer le bonheur de l'humanité. Et pourtant, de l'autre côté de l'Atlantique, le 7 septembre 1787, un certain Thomas Jefferson avait réussi à inclure dans la constitution des États-Unis l'idée que la poursuite du bonheur était un droit fondamental légalement reconnu. « *L'ami de l'humanité* », comme plusieurs qualifiaient Condorcet,

> « a prouvé que les vices et les malheurs des hommes sont le fruit des institutions sociales ; que la société doit une instruction publique et gratuite qui embrasse ce que l'on fait sur chaque science et sur chaque art, qui facilite le progrès que chacun d'eux doit faire et prépare les moyens de les rendre promptement utiles[201]. »

Déjà est présente en germe l'idée que la science et les progrès qu'elle propose sont neutres et que ce sont les institutions qui en corrompent la finalité. Mais plus encore, lorsque Dyannère suggère qu'« après avoir médité avec lui [Condorcet] sur les époques remarquables de l'Histoire de l'esprit humain, après avoir admiré la sagacité et la profondeur de son génie, l'étendue de ses connaissances, la rapidité et la clarté de son style, vous auriez joui des bienfaits qu'il annonce à la postérité et dont la

---

200 Kant, E. (1784), *Qu'est-ce que les Lumières ?*, Berlin : Berlinische Monatsschrift.
201 Dyannère, A. (1796), *Notice sur la vie et les ouvrages de Condorcet*, Leipzig : Pierre-Philippe Wolf, p. 53.

réalité est démontrée par ceux dont nous jouissons ou dont nous entrevoyons la jouissance[202] », c'est non seulement un acte de foi envers le progrès qui est ici demandé, mais c'est aussi la ferme conviction que le progrès n'est que porteur de bonheur pour tous les hommes. Et si vous pensez à

> « la perfectibilité indéfinie de l'espèce humaine, n'admirez-vous pas l'art avec lequel il [Condorcet] suit le progrès des sciences et de la civilisation, l'influence du génie sur les hommes éclairés et celle de ceux-ci sur la multitude. [...] Nous ne l'oublierons jamais, chaque science est liée à toutes les autres, et les progrès de chacune d'elles accélèrent par conséquent ceux de toutes les autres[203]. »

Il y a deux idées à retenir dans la phrase précédente : perfectibilité indéfinie de l'espèce humaine et le fait que le progrès de chaque science accélère celle de toutes les autres. Faut-il ici préciser qu'il est possible de parler de progrès à la seule condition de comparer deux états historiques où l'état d'arrivée est supérieur à l'état de départ, et que l'idée de progrès, contrairement à celle de changement ou d'évolution, implique par la force des choses un jugement de valeur.

Cette idée d'une perfectibilité indéfinie de l'espèce humaine est fédératrice, car elle engage à la fois les individus et les institutions et se constitue comme construction sociale. D'ailleurs, les siècles qui suivront n'auront de cesse de prouver qu'il est possible de perfectionner indéfiniment l'être humain. D'autre part, l'idée voulant que le progrès de chaque science accélère celle de toutes les autres se cale directement dans le discours de la Singularité de l'ingénieur américain Ray Kurzweil. Si ce dernier prévoit que la Singularité surviendra dans la troisième décennie du XXIe siècle, c'est justement qu'il se fonde sur la convergence de technologies de pointe comme le développement de

---

[202] *Idem.*, p. 15.
[203] *Idem.*, p. 26-27.

l'informatique quantique, des biotechnologies, de la bioinformatique, des nanotechnologies, de la génomique, de l'intelligence artificielle, des neurotechnologies et des sciences cognitives. Ce que Condorcet lui-même disait à propos du futur est plus qu'éloquent :

> « Enfin, l'espèce humaine doit-elle s'améliorer, soit par de nouvelles découvertes dans les sciences et dans les arts, et par une conséquence nécessaire, dans les moyens de bien-être particulier et de prospérité commune ; soit par des progrès dans les principes de conduite et dans la morale pratique ; soit enfin par le perfectionnement réel des facultés intellectuelles, morales et physiques, qui peut être également la suite, ou de celui des instruments qui augmentent l'intensité ou dirigent l'emploi de ces facultés, ou même celui de l'organisation naturelle[204]. »

Quelques éléments ici à retenir. Premièrement, le progrès scientifique, technique et technologique contribue au progrès moral et aux pratiques de conduite en société. Deuxièmement, le progrès est susceptible de perfectionner non seulement les facultés intellectuelles par l'accumulation toujours plus élargie de savoirs et de connaissances, mais il est aussi susceptible de perfectionner le corps lui-même. On reconnaît là tout le discours sur l'éducation du philosophe britannique John Locke (1632-1704) et du pédagogue allemand Johan Gutsmuth (1759-1839). D'ailleurs, toute la machine olympique roulera aux XXe et XXIe siècles sur cette idée du corps améliorable et perfectible à volonté — les pays du bloc soviétique en feront l'étonnante démonstration. Troisièmement, et non le moindre, l'idée qu'il serait possible d'améliorer les facultés intellectuelles, soit en les augmentant par une quelconque technologie, soit en les couplant à une quelconque technologie. Finalement, Condorcet prévoyait déjà de surseoir à l'évolution naturelle de l'espèce en intervenant

---

[204] Condorcet (1798), *Esquisse d'un tableau historique des progrès de l'esprit humain*, 4e édition, Paris: Agasse, p. 335.

sur son « organisation naturelle ». On reconnaît là tout le projet transhumaniste.

Comment Condorcet entrevoyait-il de mettre en œuvre ce programme ? En faisant en sorte que la liberté, l'égalité et la prospérité à l'intérieur même d'une nation et entre nations élèvent le niveau général d'instruction, et que, en retour, cette élévation générale, à travers la science, permette de produire des savoirs et des connaissances qui auraient pour effet de rendre le monde meilleur. Le programme n'est pas banal, car ce développement des sciences produira, d'une certaine façon, un genre de spirale infinie des Lumières. Le résultat est on ne peut plus séduisant : l'accès à une meilleure alimentation ; la mise en place de mesures d'hygiène efficaces ; le développement d'une médecine à même de prolonger l'espérance de vie. Certes, le développement de l'industrie agroalimentaire au XXe siècle a permis de produire des aliments de masse pour une distribution de masse, éliminant d'autant les problèmes de pénurie alimentaire, mais elle a aussi laissé en plan des millions de gens qui ne peuvent avoir accès à des aliments de qualité à cause de leur condition socioéconomique, autant dans les pays développés que dans les pays émergents. Le tout-à-l'égout de la fin du XIXe siècle, l'adduction d'eau, l'invention du coude sous l'évier et la toilette, et la gestion des déchets ont largement contribué à prolonger l'espérance de vie. En ce qui concerne la médecine, la découverte des vaccins et celle des antibiotiques auront éliminé la plupart des grandes maladies infectieuses. Au sortir de la Seconde Guerre mondiale, l'augmentation du niveau de vie et la mise en place d'une véritable classe moyenne auront également contribué à l'augmentation de l'espérance de vie. Condorcet aura donc eu raison : le progrès mènerait de plus en plus au bonheur de l'espèce humaine, et ne dira-t-il pas :

> « Serait-il absurde, maintenant, de supposer que ce perfectionnement de l'espèce humaine, doit être regardé comme susceptible d'un progrès indéfini, qu'il

> doit arriver un temps où la mort ne serait plus que l'effet, ou d'accidents extraordinaires, ou de la destruction de plus en plus lente des forces vitales, et qu'enfin la durée de l'intervalle moyen, entre la naissance et la destruction, n'a elle-même aucun terme assignable ? Sans doute, l'homme ne deviendra pas immortel, mais la distance entre le moment où il commence à vivre, l'époque commune où naturellement sans maladie, sans accident, il éprouve la difficulté d'être, ne peut-elle s'accroître sans cesse ?[205] »

Lorsque Condorcet affirme qu'il arrivera un temps où la mort ne sera plus que l'effet ou d'accidents extraordinaires, ou de la destruction de plus en plus lente des forces vitales, et qu'enfin la durée de l'intervalle moyen, entre la naissance et la destruction n'a elle-même aucun terme assignable, il signale de façon quasi prophétique les travaux du bioinformaticien et gérontologue britannique Aubrey de Grey, ardent défenseur du non-vieillissement, qui considère que

> « les gens, depuis des temps immémoriaux, prétendent qu'il est possible de combattre les effets du vieillissement, mais les faits sont contre eux quand on constate que rien n'a vraiment été concluant. Il y a une fâcheuse tendance à penser qu'il est inévitable de vieillir, et que le vieillissement transcende en quelque sorte nos capacités technologiques, ce qui est, en principe, une absurdité complète. [...] Fondamentalement, le corps dispose d'une complexe machinerie antivieillissement déjà intégrée. Par contre, nous n'en comprenons pas encore totalement le fonctionnement et nous devons poser le constat que des dommages tant au niveau moléculaire que cellulaire se produisent et s'accumulent. Le corps travaille aussi fort qu'il le peut pour combattre et endiguer les dommages subis, mais c'est un combat perdu d'avance. Donc, nous ne serons pas en mesure de faire quoi que ce soit pour

[205] *Idem.*, p. 386.

> contrer le vieillissement sans une intervention *high-tech*, ce sur quoi je travaille présentement[206]. »

Si on place côte à côte les textes de Condorcet et d'Aubrey de Grey, force est de constater que les éléments fédérateurs sont exactement les mêmes : combattre le vieillissement par un progrès indéfini à l'aune de l'intervention de technologies de dernière pointe. Et ce discours est porteur. Bien que Condorcet et de Grey n'affirment pas qu'il y aura un jour possibilité d'atteindre l'immortalité, il n'en reste pas moins que les deux, à deux époques bien différentes, parlent de prolonger l'espérance de vie au-delà de ce qu'elle était à chacune de ces deux époques. On comprendra volontiers que Condorcet pensait peut-être à éliminer les maladies infectieuses, l'un des grands fléaux du XVIIIe siècle, alors que de Grey, souligne fort à propos que, dans « les sociétés industrialisées, plus de 90 % des décès sont causés par le vieillissement. [...] Et à l'échelle de la planète, sur les 150 000 décès qui surviennent quotidiennement, plus des deux tiers sont liés au vieillissement[207]. » Et c'est là où les choses deviennent intéressantes, car même si on parvient à allonger de façon considérable l'espérance de vie, il y a fort à parier que de nouvelles causes seront identifiées qui provoquent la mort, que des chercheurs se pencheront sur le problème, et qu'ils tenteront de surseoir, une fois de plus, à la mort. En ce sens, lorsque Ray Kurzweil parle de transférer la conscience dans un ordinateur, il parle tout simplement de ce moment où le seul moyen de contrer la mort sera celui de libérer la conscience de sa gangue de chair.

Avec Condorcet, Aubrey de Grey et Ray Kurzweil, on retrouve bien là cette filiation avec Épicure de vouloir transcender la nature elle-même. Le poète Lucrèce (98-55), dans son ouvrage *De rerum natura*[208], avait bien saisi l'essence du propos du philosophe grec :

---

206 Smith, C. L. (2010), *Aubrey de Grey: We don't have to get sick as we get older*, The Guardian, August 1.
207 Smith, C. L. (2010), *op. cit.*
208 Lucrèce, *De rerum natura*, I, 61-79.

> « Alors qu'aux yeux de tous, la vie humaine gisait, immonde, sur terre, écrasée sous le poids de la superstition qui montrait son visage du haut des régions du ciel et menaçait les mortels de son aspect terrifiant, le premier, un Grec [Épicure], simple mortel, osa lever ses yeux d'homme contre elle, et, le premier, osa lui faire face. Ni les fables des dieux, ni les éclairs, ni le ciel aux grondements inquiétants ne l'arrêtèrent : ils stimulèrent d'autant plus l'impétueuse ardeur de son esprit à vouloir être le premier qui briserait les verrous serrés des portes de la nature. La vigueur virulente de son esprit triompha donc ; il s'avança loin au-delà des remparts enflammés de notre monde et parcourut par l'intelligence et la réflexion l'univers immense. Vainqueur, il nous rapporte à son retour ce qui peut naître et ce qui ne le peut pas, ainsi que la loi qui précise finalement le pouvoir de chaque chose et les bornes fixées au cœur des choses. »

Pour rappel, dans la philosophie d'Épicure, les dieux, s'ils existent, sont non seulement relégués loin de la terre, mais ne sont ni intervenus dans la création de l'univers ni ne s'occupent des affaires humaines. De là, le travail d'Épicure est de libérer l'humanité par la connaissance de la nature en mettant de côté l'hypothèse divine — Laplace ne répondra-t-il pas à la question de Napoléon, « *Où est Dieu dans tout cela ?* », par la célèbre répartie « *C'est une hypothèse dont je n'ai pas eu besoin.* » Autrement dit, pas besoin d'une divinité pour expliquer la nature et son fonctionnement, le mouvement des planètes et l'agencement des corps célestes. D'ailleurs, Lucrèce est clair à ce sujet : Épicure a été le premier à briser les verrous serrés des portes de la nature et le premier à préciser le pouvoir de chaque chose et les bornes fixées au cœur de chaque chose. Conséquemment, en disposant des secrets de la nature, il devient dès lors possible de passer outre les bornes fixées au cœur de chaque chose et changer la condition humaine. Ce faisant, la vision du futur de Condorcet, qui nous est si familière, car il ne se passe pas une journée sans que les médias de masse rapportent une nouvelle invention ou découverte susceptible d'améliorer la condition humaine, et ce, à tous les niveaux, ne fait que prolonger cette volonté de briser les verrous serrés des portes de la nature.

Il importe aussi de souligner que le philosophe britannique Francis Bacon (1561-1626), dont Condorcet s'est largement inspiré, avait plaidé pour que l'objectif de l'humanité fût d'« étendre l'empire et la puissance du genre humain tout entier, sur l'immensité des choses ; cette ambition (si on doit lui donner ce nom), on conviendra qu'elle est plus pure, plus noble et plus auguste que toutes les autres[209]. » Cette affirmation de la part de Bacon n'a rien d'anodin, car elle autorise d'intervenir sur la condition humaine. D'ailleurs, Condorcet s'était bien rendu compte qu'en disposant des moyens d'intervenir sur le cours des choses pour contraindre la nature, il serait possible d'améliorer les conditions de vie matérielles, et par ricochet, les conditions morales de la vie en société. Ce que propose ici Condorcet, c'est ni plus ni moins que de construire sur les acquis de chaque génération précédente, un vibrant plaidoyer pour accélérer ainsi le progrès pour faire en sorte que la génération suivante puisse profiter des acquis en question.

La thèse de Condorcet voulant que l'humanité connaisse un progrès indéfini, qu'elle deviendrait de plus en plus sage au fil du temps en appliquant le programme des Lumières, c'est-à-dire l'ordre rationnel, a dû faire face à une forte opposition. C'est l'économiste Thomas Robert Malthus (1766-1834) qui, dans son ouvrage, *Essay on the Principle of Population*, amorce la fronde contre Condorcet et donne le ton de la vindicte. Pour Malthus, tout le problème se concentre essentiellement sur une augmentation exponentielle de la population, alors que les ressources disponibles, limitées par définition, ne croissent que de façon arithmétique, d'où le constat que les propositions de Condorcet ne peuvent tenir la route, car l'accroissement de la population

[209] Bacon, F. (1799), Œuvres de François Bacon, trad. Antoine Lasalle, t. 4, Dijon : L. N. Frantin, p. 425.

outrepassera constamment celle des ressources. En ce sens, Malthus ne pouvait entrevoir autre chose qu'un avenir sous le signe de la misère humaine et de la rareté des ressources. Force est de constater, en relevant ce qui se passe aujourd'hui, que c'est Condorcet qui avait raison sur plusieurs points. Pour autant, les idées de Malthus ne sont pas tombées dans le vide. Charles Darwin (1809-1882) a adapté l'idée de la rareté des ressources dans un milieu donné pour expliquer les forces derrière l'évolution, c'est-à-dire la progression naturelle d'une espèce fondée sur la compétition en fonction des ressources disponibles.

Jusqu'à aujourd'hui, la majorité des débats à propos du progrès a été à l'aune des tensions entre les idées de ces trois penseurs : l'optimisme de Condorcet concernant l'amélioration sans fin du genre humain ; le problème malthusien de la rareté des ressources ; la conception darwinienne de la compétition naturelle pour les ressources disponibles comme force d'évolution à travers le temps. Mais voilà, il se pourrait bien que les transhumanistes aient réussi à concilier ces trois idées en préconisant d'une certaine façon la venue d'un autre type d'humanité.

Le parcours de l'immortalité

Le principal argument de Condorcet tient dans cette notion de perfectibilité du genre humain issue des travaux de Jean-Jacques Rousseau :

> « N'est-ce point qu'il retourne ainsi dans son état primitif, et que, tandis que la bête, qui n'a rien acquis n'a rien non plus à perdre, reste toujours avec son instinct, l'homme, reperdant par la vieillesse ou d'autres accidents tout ce que sa perfectibilité lui avait fait acquérir, retombe ainsi plus bas que la bête même ? Il serait triste pour nous d'être forcés de convenir que cette faculté distinctive et presque illimitée est la source de tous les malheurs de l'homme ; que c'est elle qui le tire, à force de temps, de cette condition originaire, dans laquelle il coulerait des jours tranquilles et innocents ; que c'est elle qui, faisant éclore avec les siècles

> ses lumières et ses erreurs, ses vices et ses vertus, le rend à la longue le tyran de lui-même et de la nature[210]. »

Ce que suggère ici Rousseau, c'est que l'animal *est*, il *ne devient pas*, tandis que l'homme *n'est pas*, il *devient*. Cette prise de conscience est fondamentale, car en tirant ainsi cette ligne de démarcation entre l'homme et l'animal, Rousseau vient inévitablement prétendre à la perfectibilité du genre humain. Cependant, la réflexion de Rousseau oblige à se demander si cette capacité à la perfectibilité est ou non souhaitable, car elle est « la source de tous les malheurs de l'homme ». Auquel cas, l'évolution de l'espèce humaine doit-elle être envisagée sous le signe du progrès ou d'un retour à un état animal antérieur ? La réponse à cette question viendra du philosophe Emmanuel Kant :

> « Quant au tableau hypocondriaque (en sombres couleurs) que Rousseau trace de l'espèce humaine se risquant à sortir de l'état de nature, il ne faut pas y voir le conseil d'y revenir, de reprendre le chemin des forêts ; ce n'est pas là son opinion véritable ; il voulait exprimer la difficulté pour notre espèce d'accéder à sa destination en suivant la route d'une approche continuelle ; une telle opinion n'est pas à considérer comme une histoire en l'air ; l'expérience des temps anciens et modernes doit embarrasser tout individu qui réfléchit et rendre pour eux douteux le progrès de notre espèce. »

En plein siècle des Lumières, dans ce siècle qui préconise le progrès, la position de Rousseau a de quoi étonner, mais peu importe, ce que Condorcet retient, c'est l'idée que la perfectibilité n'est pas un problème, mais bien une solution. Partant de là, Condorcet considère que l'espèce humaine possède cette unique capacité à s'améliorer par le seul fait d'être en mesure de conquérir la nature. Si le projet réussi, et il a en bonne partie réussi

[210] Rousseau. J. J. (1755), *Discours sur l'origine de l'inégalité parmi les hommes et si elle est autorisée par la loi naturelle*, Première partie.

jusqu'à aujourd'hui, plusieurs des problèmes qui affectaient jusque-là la condition humaine pourraient être éradiqués ou résolus : pauvreté, faim et maladie ne seraient désormais plus à l'ordre du jour. En résolvant ces problèmes, il devient dès lors possible de produire des êtres humains mieux adaptés physiquement à leur environnement, plus intelligents et ayant un sens moral beaucoup plus élevé. Le rythme du progrès, dans de telles circonstances, ne serait scandé que par cette volonté de se dépasser.

En parlant de ces vertus morales qui augmenteraient d'autant que les technologies progressent, il convient de rappeler que dès 1917, Orville Wright prédisait que « l'aéroplane contribuera à établir la paix de différentes façons — en particulier, je pense que l'aéroplane aura tendance à rendre la guerre impossible. » Déjà en 1904, Jules Vernes pensait que le sous-marin, confiné à des opérations militaires, finirait par contribuer à la paix. Alfred Nobel, l'inventeur de la dynamite (nitroglycérine) était convaincu que son invention allait contribuer à établir la paix de façon beaucoup plus efficace que ne l'auraient pu faire milles réunions et sommets sur le sujet. Dans la même veine, l'inventeur de la mitraillette, Hiram Maxim, à la question « Est-ce que cette arme ne rendra pas la guerre encore plus horrible ? », affirmait : « Non, elle rendra la guerre impossible. » Marconi, l'inventeur de la radio, en 1912, lors d'une conférence, disait : « La venue d'une ère sans fil rendra la guerre impossible, parce qu'elle rendra la guerre tout à fait ridicule. » En 1925, le président de la société RCA affirmait : « la radio contribuera à établir la paix sur la terre. » En 1890, peu de temps après l'invention du téléphone, John J. Carty, l'ingénieur en chef de la société AT&T, clamait qu'« un jour nous fabriquerons un système téléphonique mondial qui obligera les gens à utiliser une langue commune pour se faire comprendre, ce qui créera une grande fraternité à la dimension de la terre. » Lorsque la télévision interactive s'est implantée aux États-Unis dans les années 1970, d'aucuns y ont vu un outil qui permettrait enfin de concrétiser le vieux rêve des philosophes de l'Antiquité : la démocratie participative ou la démocratie directe. Lorsque le réseau des réseaux s'est pointé, Internet, encore là, nombreux sont ceux qui ont vu dans cette technologie un instrument de démocratie participative. En 2011, lors du printemps arabe, les évangélistes de la technologie ont suggéré que les médias sociaux allaient contribuer à contourner les systèmes totalitaires et à permettre l'émergence de la démocratie.

À rebours, il y a non seulement de quoi esquisser un sourire, mais bien de constater à quel point l'introduction d'une nouvelle technologie et de ses possibilités est empreinte d'une grande naïveté. Malgré tout, malgré tous les exemples que nous pourrions ici aligner sur cette prétendue augmentation de valeurs morales au fur et à mesure que les technologies progressent, il n'en reste pas moins que le mythe de la technologie salvatrice a la vie dure. Pourquoi ? Parce que la technologie promet.

Certes, les idées de Condorcet à propos d'une espérance de vie largement allongée, couplées à la possibilité d'un progrès toujours plus accéléré, suggèrent déjà quelque chose de beaucoup plus radical. En fait, s'il devient possible, avec le progrès, de s'alimenter sainement, d'améliorer les conditions d'hygiène globale et de mettre au point des traitements permettant d'éradiquer ou de guérir les grandes maladies, l'allongement de l'espérance de vie tombe sous le sens. Conséquemment, et sans se tromper grandement, on peut affirmer que le projet de Condorcet est d'éviter autant que faire se peut la mort prématurée. Toutefois, lorsqu'il commence à discourir sur la possibilité d'une extension indéfinie de l'espérance de vie, il entrouvre la porte à des changements radicaux en ce qui concerne l'existence humaine elle-même. Mais dans quelle mesure entrouvre-t-il cette porte ? À mon avis, et cet avis n'engage que moi-même, il l'a à demi entrouverte. En fait, Condorcet a avant tout considéré la mort comme un événement qui peut être choisi, c'est-à-dire ne plus être à la merci d'une mort prématurée dans le cours naturel des choses, tout en rappelant qu'il est impossible de devenir immortel.

Cette limite que pose Condorcet ne peut satisfaire les transhumanistes, car pour ces derniers, il s'agit d'outrepasser la condition humaine. Étant donné, et je ne le répéterai jamais assez, que l'une des grandes idées fédératrices qui sous-tend le transhumanisme se résume simplement : *pourquoi laisser le soin à la nature de poursuivre une évolution aveugle du genre humain alors que l'humain pourrait lui-même s'occuper de la trajectoire de sa propre évolution ?* En fait, si l'évolution est la loi de la vie, et que dans la foulée, ladite évolution a permis l'émergence de l'être humain, qui des deux devrait prendre la direction de l'évolution ? La nature ou l'être humain ? Poser la question c'est presque y répondre. Concrètement, si l'être humain prend la charge de sa propre évolution, celle-ci n'aura plus rien de naturel et aura tout d'une puissante construction sociale, c'est-à-dire que l'être humain construira un mythe de l'être humain librement remodelé et refaçonné selon sa propre volonté. En revanche, le sociologue et le philosophe ne peuvent faire autrement que de poser la question suivante : qui déterminera la norme sociale de ce à quoi devra correspondre le corps ? La question n'est ni banale ni triviale, car du moment où la nature cède la place à l'homme pour son évolution, l'évolution de l'homme devient entièrement et essentiellement une question sociale. De ce point de vue, la conquête de notre propre corps n'est plus une simple question de transformation de l'homme, mais également une question de transformation en profondeur de la nature elle-même, et à la limite, du cosmos. La chose peut sembler tenir du délire, mais il n'en est rien. Quand Ray Kurzweil affirme que

> « si la vitesse de la lumière n'est pas une limite, et je me dois de souligner que ce point, en particulier, est une simple conjecture au moment où je vous parle, alors d'ici moins de 300 ans, nous saturerons l'univers entier de notre intelligence, et l'ensemble de l'univers

> deviendra suprêmement intelligent, et nous serons capables de tout manipuler selon notre volonté[211] »,

les visées transhumanistes n'impliquent pas seulement l'homme, mais son milieu de vie et ce qui a engendré son milieu de vie originel. Les idées qu'avance Ray Kurzweil ne sont pas nouvelles. Elles ont un ancrage chez différents auteurs et penseurs qui pensent que disposer de la capacité de créer de nouvelles formes de vie et de peupler le cosmos est la finalité de toutes les finalités, le bien moral le plus élevé. Il s'agirait donc de transformer l'univers en transformant l'être humain.

À la limite, il se pourrait bien que Condorcet n'ait pas voulu s'avancer sur les conséquences radicales d'un progrès indéfini. Toutefois, du moment où les transhumanistes auront réussi à augmenter de façon significative l'espérance de vie, et ils y parviendront, un problème de taille se présentera, car il faudra arriver à maintenir la croissance économique et la productivité. En fait, étant donné que, de façon générale, les gens font moins d'enfants quand l'espérance de vie et les conditions socioéconomiques augmentent, qui prendra alors le relais pour que la croissance économique et la productivité se maintiennent, car c'est bien là l'une des conséquences d'un progrès indéfini sous les auspices du transhumanisme.

La place de l'homme dans l'univers

D'un point strict de vue chronologique, c'est l'astronome français Nicolas Camille Flammarion (1842-1925) qui est le premier à reconnaître que la place de la Terre dans l'univers est tout à fait insignifiante et qu'elle n'a rien qui la distingue particulièrement par rapport à d'autres planètes sur lesquelles la vie pourrait exister. En fait, pour Flammarion, la vie ne serait pas un phénomène propre à la Terre, mais bien un phénomène inhérent à l'univers. Flammarion pousse l'idée plus loin et suggère que, si

---

[211] Kurzweil, R. (2016), *The Intelligent Universe*, John Brockman (ed.), Edge Magazine.

un environnement quelconque est hostile à une quelconque forme de vie, cela ne signifie pas pour autant que celui-ci est hostile à toutes les formes de vie. Son hypothèse sera vérifiée dans la seconde moitié du XXe siècle lorsque les scientifiques découvriront des formes de vie dans l'entourage immédiat de cheminées hydrothermales volcaniques au fond des océans. À 3°C, en l'absence absolue de lumière, sous des pressions allant jusqu'à 500 bars, des organismes chimiolithotrophes, c'est-à-dire des organismes qui mettent en œuvre le processus de photosynthèse non pas à partir de la lumière, mais à partir d'éléments chimiques présents dans les cheminées hydrothermales, ont réussi à se développer. Même plus, certains organismes vivent systématiquement en symbiose où les uns apportent l'énergie aux autres. On le voit bien, la façon dont la vie peut émerger est fortement différenciée.

L'ouvrage de William Winwood Reade (1838-1875), *The Martyrdom of Man*[212], publié en 1872, a influencé à son époque plusieurs auteurs et penseurs. Le sociologue William Dubois (1868-1963), le philanthrope Cecil Rhodes (1853-1902), l'auteur de science-fiction H. G. Wells (1866-1946), et l'auteur George Orwell (1903-1953) ont particulièrement plébiscité l'ouvrage. Arthur Conan Doyle a même fait dire à son Sherlock Holmes, dans le roman *The Sign of Four* : « Mon cher Watson, laissez-moi vous recommandez cet ouvrage, l'un des plus remarquables jamais écrit. Il s'agit de *The Martyrdom of Man* de l'auteur Winwood Reade. Je devrais être de retour dans une heure. » De 1872 jusqu'à 1910, ce livre a été réédité plus de dix-huit fois en Angleterre et plus de dix-sept fois aux États-Unis. Ce sont là des faits qui consacrent l'engouement pour les idées avancées, mais au-delà de ces constats, ce que propose Reade, c'est avant tout une vision de l'homme qui, par ses capacités intellectuelles,

[212] On peut télécharger le livre à cette adresse tant que celle-ci sera valide : http://www.exclassics.com/martyrdom/martman.pdf. (C'est tout le problème d'Internet et de sa constante instabilité.)

serait en mesure de s'extraire de sa condition strictement humaine pour passer à autre chose. La section *The Future of Human Race*[213] du livre est particulièrement éloquente à ce sujet. Tout d'abord, Reade est convaincu que les grands maux de la société peuvent être résolus par de plus en plus de prospérité économique :

> « Si la prospérité d'un pays dépendait de son seul gouvernement, l'Amérique serait moins prospère que l'Angleterre. En fait, l'Amérique est le pays le plus heureux du monde. Il n'y a pas un seul homme, dans ce pays, peu importe sa condition sociale, qui n'espère pas faire fortune avant de mourir. »

Deuxièmement, il serait possible de faire de cette Terre autre chose qu'un purgatoire et un enfer en mettant en œuvre de plus en plus de techniques et de technologies :

> « La terre, qui est actuellement ni plus ni moins qu'un purgatoire, deviendra un paradis, non pas par la prière ou des supplications, mais bien par les efforts incessants de l'homme à se sortir de sa condition. Ces inventions et ces découvertes qui ont fait de lui, par la grâce de Dieu, le roi des animaux, le seigneur des éléments et le souverain de la vapeur et de l'électricité, ont toutes été le fruit de l'expérimentation et de l'observation. Nous pouvons conquérir la Nature tout simplement en obéissant à ses lois. Et pour obéir à ses lois, il nous faut tout d'abord apprendre à connaître ce qu'elles sont. Une fois que nous aurons, par les méthodes et les moyens de la science, réussi à comprendre ses lois, nous serons en mesure de prendre la place de la Nature et d'agir sur nous-mêmes. Quand nous comprendrons les lois qui régissent les complexes phénomènes de la vie, alors là, et seulement à ce moment-là, nous serons capables de prédire notre propre futur, tout comme nous sommes actuellement en mesure de prévoir la trajectoire des comètes, le

[213] *Idem.*, p. 177.

> mouvement des planètes et le moment des éclipses[214]. »

Certes, il faut recaler le discours de Reade dans son époque, c'est-à-dire celui de la Révolution industrielle du XIXe siècle, celui du progrès louangé sous toutes ses formes, mais il ne faut pas oublier, comme je l'ai largement démontré tout au long du présent ouvrage, que certains de ces discours ont des portées qui traversent toutes les époques et qui agissent comme de puissants mobilisateurs sociaux. En ce sens, le discours de Reade entre justement dans cette catégorie. Lorsqu'il souligne que

> « l'homme atteindra la perfection, il sera le créateur, il sera considéré comme un dieu. [...] Il y a un degré de différence entre le chimiste qui réarrange aujourd'hui dans son laboratoire des molécules pour produire un nouveau gaz, et le créateur qui réarrange des forces qui créent et produisent des mondes, tout comme il y a une différence entre le jardinier qui plante une graine et le créateur qui plante une nébuleuse[215] »,

ce qu'il faut essentiellement comprendre, c'est que rien n'est impossible à l'homme pourvu qu'il arrive à saisir les lois de la Nature. En somme, il ne s'agirait que d'une question de temps. Et le temps, en matière d'acquisition de connaissances, depuis l'époque de Reade, s'est accéléré à une vitesse fulgurante. Il est difficile de mesurer l'ampleur de cette magnitude, mais si on considère qu'au début du XXe siècle on mourrait encore des grandes maladies infectieuses, que celles-ci ont été littéralement éradiquées des sociétés industrialisés trente ans plus tard, que l'homme a mis le pied sur la lune, que l'informatique a été inventée au tournant de la Seconde Guerre mondiale et qu'elle a, à peine trente ans plus tard, dans les années 1970, atteint le grand public, que l'imagerie médicale s'est implantée au début des années 2000 comme un outil de diagnostic incontournable, il faut

[214] *Idem.*, p. 179.
[215] *Idem.*, p. 180.

bien admettre que les prophéties de Ray Kurzweil à propos d'une Singularité technologique qui se produirait vers 2040 ne sont pas peut-être pas aussi farfelues qu'il y paraît de prime abord.

Survivre au progrès transhumaniste

> Si l'humanité a une propension naturelle à l'autodestruction, si la science et les technologies développées par l'humanité empoisonnent la planète, il faut donc supposer que notre civilisation, technologique par essence, est une civilisation vouée à plus ou moins brève échéance à l'extinction. Donc, vu sous cet angle, science et technologie sont ce par quoi l'apocalypse risque de survenir, d'où une misanthropie face au genre humain, d'où l'affirmation de médiocrité, d'où un anti-anthropocentrisme rampant. Si les technopessimistes sont dans cette logique, les transhumanistes, pour leur part, louangent les technologies.

La dégénérescence de la race humaine et son extinction possible ne sont pas des concepts récents — le déluge biblique en est un exemple patent, tout comme les différents mythes de fin du monde présents dans plusieurs cultures du passé. Cependant, ce qui l'est, c'est que nous disposerions désormais de la capacité à nous exterminer nous-mêmes, soit par la bombe atomique ou notre exploitation sans vergogne de nos ressources naturelles, soit par nos comportements antiécologiques.

Darwin et l'évolution

Les idées de Darwin étaient tout sauf banales, d'où la controverse qu'elles ont suscitée à l'époque où elles ont été émises, d'où la controverse qu'elles suscitent encore aujourd'hui auprès de certains groupes religieux qui tentent de démontrer que les méthodes aujourd'hui utilisées pour dater les ossements de dinosaures sont boiteuses. De tels arguments sont absurdes, car l'évolution est un fait, et tenter de récuser les méthodes de datation d'ossements fossiles renvoie tout simplement à un bête déni de la réalité. Cela étant précisé, il importe de rappeler que Darwin n'a pas découvert ou élaboré d'une quelconque façon que ce soit le principe de l'évolution. En fait, l'idée voulant que les espèces évoluent au fil du temps, changent et se transforment n'est pas récente. Déjà, dès l'Antiquité, les philosophes matérialistes grecs supposaient que la vie aurait évolué depuis des formes plus simples vers des formes plus complexes. Autrement, deux naturalistes du Siècle des Lumières, Georges-Louis Buffon (1707-1788) et Jean-Baptiste Lamark (1744-1829), ont particulièrement contribué à la pensée de Darwin. Dans son ouvrage publié en 36 volumes et intitulé *L'Histoire naturelle, générale et particulière, avec la description du Cabinet du Roy* (1749-1789), Buffon relève non seulement les ressemblances extérieures qui existent entre l'homme et le singe, mais il relève surtout à quel point « l'intérieur, dans les êtres vivants, est le fond du dessin de la nature » ; l'anatomie comparative est née. Pour sa part, Lamark est le premier à avancer deux idées structurantes : (i) la complexification croissante de l'organisation des êtres vivants s'effectue sous l'effet de la dynamique interne de leur métabolisme ; (ii) la spécialisation en espèces est la conséquence d'une adaptation à leur milieu, soit par leur comportement, soit par l'adaptation de certains organes.

Si l'idée même du concept de l'évolution n'est pas le fait direct de Darwin, sans compter que Darwin n'a jamais utilisé le terme *évolution*, en quoi consiste donc sa contribution originale ? En fait, ce que Darwin a mis en lumière, c'est une explication plausible qui permet de généraliser une multitude de cas. En combinant deux thèses, soit celle de Malthus — la population augmente de façon exponentielle ou géométrique tandis que les ressources ne croissent que de façon arithmétique — et celle du philosophe Herbert Spencer (1820-1903) — la survie du plus fort (persistance du plus apte) —, Darwin a montré que l'évolution sélectionne les traits qui favorisent la survie et la reproduction d'une espèce en fonction de trois principes : (i) la variation (ce qui différencie les membres d'une espèce) ; (ii) l'adaptation (les mieux adaptés à leur milieu survivent et se reproduisent) ; (iii) l'hérédité (certaines caractéristiques héréditaires favoriseraient la survie). Comme le souligne Darwin :

> « Comme il naît beaucoup plus d'individus de chaque espèce qu'il n'en peut survivre, et que, par conséquent, il se produit souvent une lutte pour la vie, il s'ensuit que tout être, s'il varie, même légèrement, d'une manière qui lui est profitable, dans les conditions complexes et quelquefois variables de la vie, aura une meilleure chance pour survivre et ainsi se retrouvera choisi d'une façon naturelle. En raison du principe dominant de l'hérédité, toute variété ainsi choisie aura tendance à se multiplier sous sa forme nouvelle et modifiée[216]. »

Ces trois principes sont, à leur tour, dépendants de la disponibilité des ressources dans le milieu où évolue une espèce. Par exemple, une espèce peut très bien évoluer dans un milieu donné, c'est-à-dire qu'elle s'est bien adaptée à ce milieu, et se retrouver soudainement confrontée à une rareté de ressources disponibles dans ce même milieu : « nous considérerons la lutte pour l'existence parmi les êtres organisés dans le monde entier, lutte qui doit inévitablement découler de la progression géométrique de leur augmentation en nombre [en fonction des ressources disponibles]. C'est la doctrine de Malthus appliquée à tout le règne animal et à tout le règne végétal[217]. » En fait, pour les malthusiens, les effets implacables de la croissance de la population versus la rareté des ressources se concrétisent dans une lutte féroce pour la survie, et en ce sens, les espèces sont appe-

[216] Darwin, C. (1880), *L'Origine des espèces au moyen de la sélection naturelle: ou, La lutte pour l'existence dans la nature*, trad. Edmond Barbier, Paris : C. Reinwald, p. 4.
[217] *Idem.*

lées à disparaître. Pour les darwiniens, cette dynamique est plutôt considérée comme un avantage évolutif important, car seuls les plus aptes à tirer profit de leur environnement survivent, se reproduisent et se développent en différentes formes à travers le temps pour mieux exploiter les ressources disponibles.

Hormis les faiblesses inhérentes à la méthode scientifique de son époque, il n'en reste pas moins que la théorie de Darwin arrive à expliquer plusieurs phénomènes évolutifs. En science, une théorie qui arrive à expliquer une majorité de cas est généralement une théorie qui réussit et s'impose comme modèle dominant. Bien que la théorie de Darwin n'explique pas tout, ce qui est la plupart du temps le cas en science, elle a tout de même montré les pistes qu'il fallait investiguer, d'où certaines thèses qui ont enrichi ou contredit certains aspects de la théorie originale : thèse de l'équilibre ponctué (l'évolution comprend de longues périodes d'équilibre, ou quasi-équilibre, ponctué de brèves périodes de changements importants comme la spéciation ou les extinctions) ; thèse de la succession écologique (processus naturel d'évolution et développement d'un écosystème en une succession de stades) ; thèse de la symbiogénèse ou théorie endosymbiotique (les modifications dont résulte l'évolution consistent en absorptions de génomes déjà constitués).

En revanche, il se produit parfois aussi, en science, des mésinterprétations de certaines théories, et Darwin ne fut pas exempt de la chose, alors qu'il tentait de voir comment le processus de sélection naturelle était en mesure de s'appliquer aux sociétés humaines. Ne dira-t-il pas que les variations au sein même des différentes races et les triomphes de certaines sur d'autres sont le fruit de traits hérités et par la suite transmis par certains membres d'une race donnée :

> « Aujourd'hui, les nations civilisées supplantent partout les nations barbares, excepté là où le climat oppose une barrière mortelle ; et elles réussissent principalement, quoique non exclusivement, grâce à leurs

> arts, qui sont les produits de l'intellect. Il est, par conséquent, hautement probable qu'avec l'humanité les facultés intellectuelles auront été principalement et graduellement perfectionnées grâce à la Sélection Naturelle[218]. »

Faut-il ici rappeler qu'une théorie qui cherche à expliquer l'histoire de l'humanité de cette façon fait forcément fausse route. Des nations ne supplantent pas d'autres nations en fonction de traits génétiques hérités par quelques-uns de ses membres. À ce titre, les Mongols, qui vivaient de façon primitive et tribale depuis un millénaire (infériorité génétique selon Darwin), n'auraient jamais pu, à la fin du XIIe siècle, avec à leur tête Gengis Khan, conquérir presque la moitié du monde civilisé (démonstration de la supériorité génétique) et retourner par la suite dans leur état quasi initial. Par exemple, les Syriens, les Macédoniens, les Romains, les Grecs, les Arabes, les Turques, les Français, les Britanniques et les Allemands ont tous été, en leur temps, des conquérants. Aujourd'hui, plus personne ne tremble devant leur puissance militaire. Ce qui fait loi dans la lutte entre nations relève en réalité de facteurs qui n'ont strictement rien à voir avec la génétique, mais tout à voir avec la structure politique, la diplomatie, les alliances stratégiques, le développement économique, scientifique et technologique, l'infrastructure industrielle, le niveau des investissements publics dans la recherche scientifique, la culture, les valeurs sociales dominantes, la puissance du complexe militaro-industriel, la nature géographique même du territoire, la météo, et finalement, une bonne dose de chance.

Autrement, étant donné que l'une des caractéristiques fondamentales de l'information est de circuler — plus ou moins librement certes, mais circulation tout de même —, il faut inévitablement s'attendre à ce qu'il se produise un transfert d'informations

---

[218] Darwin, C. (1872), *La descendance de l'homme et la sélection sexuelle*, vol. 1, Paris : C. Reinwald, p. 172.

d'une nation à l'autre. Alors, si on s'en remet à la position darwinienne, à savoir que les États-Unis et la Chine sont deux nations en lutte pour leur existence respective, il faudrait donc présumer que les États-Unis, généralement en avance dans le développement scientifique et technologique, seraient constamment en train de nuire, d'une façon ou d'une autre, au développement de la Chine, ce qui est, il va sans dire, tout à fait faux. En fait, Chinois et Américains collaborent de multiples façons, s'échangent informations et technologies de toutes sortes (d'un point de vue darwinien il s'agit de l'acquisition de traits distinctifs permettant la survie de l'espèce). La grande majorité des innovations technologiques américaines, depuis les débuts du XXe siècle — télégraphe, ampoule électrique, téléphone, électronique, satellites de communication, GPS, ordinateur personnel, biotechnologies, nanotechnologies —, ont non seulement profité à la nation américaine, mais à toutes les nations de la planète. Autrement dit, du point de vue darwinien, il n'y a pas que les Américains qui acquièrent des traits distinctifs leur permettant d'asseoir leur supériorité et de la confirmer, mais bien toutes les nations, d'où l'idée que le modèle darwinien ne fonctionne pas lorsqu'il s'agit de le transposer aux nations.

Et **c'est ici qu'interviennent les transhumanistes dans le modèle darwinien**. Si l'évolution est la loi de la vie, si l'évolution a permis l'émergence de l'être humain et des capacités dont il est porteur et qui le différencient non seulement de façon significative des autres espèces tout en intervenant directement dans son propre processus évolutif en écartant le processus évolutif aléatoire de la nature elle-même, il faut donc supposer que tous les éléments sont réunis pour la mise en place d'un discours tout à fait innovant sur la possibilité de créer un tout nouvel homme. En ce sens, l'optimisme de Condorcet est de mise (le corps sera inévitablement amélioré), la thèse de Malthus sur l'inévitable accroissement de la population est à écarter (plus le niveau de vie augmente moins les gens se reproduisent, plus les gens vivent plus longtemps et en santé, moins ils voient l'intérêt de se reproduire en grand nombre), l'évolution de l'homme ne sera plus laissée aux bons soins de la nature (l'homme devient celui qui oriente l'évolution). Ces suppositions tiennent-elles vraiment la route ?

La disparition de l'espèce

Comme nous l'avons vu dans les chapitres précédents, les thèmes de rareté des ressources, d'accroissement incontrôlé de la population, de lutte pour l'existence, d'augmentation des capacités du corps sont toujours aussi d'actualité qu'ils l'étaient depuis la fin de la Seconde Guerre mondiale. Entre-temps, d'autres thèmes, parfois saugrenus, sont venus s'ajouter : l'être humain n'occupe pas une place privilégiée dans l'univers ; les extraterrestres nous sont moralement supérieurs ; les extraterrestres nous aideront à franchir le difficile cap de l'adolescence scientifique et technologique. Et c'est là où intervient la bombe atomique, car avec celle-ci a émergé l'idée que nous pourrions tous être vitrifiés par le souffle nucléaire ou mourir des conséquences d'un hiver nucléaire, d'où le concept de réussir à survivre à notre adolescence scientifique et technologique. L'astronome américain Carl Sagan (1934-1996) exprimait la chose en ces termes :

> « C'est la première fois dans l'histoire de notre planète qu'une espèce, quelle qu'en soit la nature, devient un péril pour elle-même et pour un très grand nombre d'autres à travers ses propres actes délibérés. [...] Cela pourrait bien être une progression classique, inhérente à de nombreux mondes : une planète, tout juste formée, tourne placidement autour de son étoile ; la vie apparaît doucement ; une procession kaléidoscopique de créatures évolue ; l'intelligence émerge, accroissant de manière significative la capacité de survie, en tout cas, jusqu'à un certain point ; et puis, la technologie est inventée. L'idée se fait jour qu'il existe certaines choses telles que les lois de la nature, qu'il est possible de vérifier ces lois par l'expérimentation, et que l'intelligence de ces lois permet aussi bien de créer la vie que de la supprimer, à des

> échelles sans précédent dans un cas comme dans l'autre. La science, reconnaissent-ils, confère des pouvoirs immenses. En un éclair, ils inventent des machines capables de changer la face du monde. Certaines civilisations voient plus loin, déterminent ce qu'il est bon de faire et ne pas faire, et traversent victorieusement le temps des périls. D'autres, moins chanceuses ou moins prudentes, périssent[219]. »

Lorsque Carl Sagan affirme que ne pas survivre à l'adolescence scientifique et technologique « pourrait bien être une progression classique, inhérente à de nombreux mondes », il part d'un cas particulier, notre planète, pour en faire une généralisation. Non seulement la chose est-elle surprenante venant de la part d'un scientifique de haut niveau, mais elle l'est tout autant par sa nature totalement spéculative, c'est-à-dire fondée sur aucune donnée probante. Par conséquent, tout en considérant la chose sous l'angle proposé par Carl Sagan, le pire qui puisse attendre l'humanité, c'est de ne pas avoir la sagesse requise pour survivre aux connaissances que produit la démarche scientifique en les utilisant à mauvais escient. Pour sa part, le célèbre physicien Freeman Dyson résumait ainsi l'attitude de certains scientifiques face aux possibilités dévastatrices de l'arme nucléaire dans le documentaire *The Day After Trinity* :

> « Je l'ai personnellement ressentie, cette fascination des armes atomiques. Pour un chercheur, leur pouvoir d'attraction est irrésistible. De sentir cette énergie qui embrase les étoiles, là, au bout de vos doigts, de la libérer et de vous sentir le maître du monde. De faire des miracles, de catapulter dans l'espace des tonnes de roches, par millions. Cela, c'est quelque chose qui vous donne l'illusion d'un pouvoir sans limites, et, d'une certaine façon, tous nos maux en découlent. Cette chose, appelons là l'*arrogance technologique*,

[219] Sagan, C. (1997), *The Pale Blue Dot*, New York : Ballantine Books.

> c'est plus fort que vous. Vous vous apercevez du pouvoir inouï de l'esprit, et c'est irrésistible[220]. »

Ce propos de Freeman Dyson est intéressant, car il met en lumière cette supposée propension de l'être humain à l'autodestruction, alors qu'il est, la plupart du temps, dans une logique de création. Par exemple, les militants de la mouvance écologiste sont les porteurs tout désignés de ce discours de catastrophes prévisibles et annoncées qui nuiront irrémédiablement à l'espèce humaine. Et pour faire contrepoids au développement scientifique et technologique effréné, le discours environnementaliste s'est pourvu du Principe de précaution et de désengagement qui veut justement éviter d'utiliser une technologie s'il n'est pas possible d'en connaître au moins les impacts négatifs de base. Si on évalue le tout, force est de constater que toutes ces démarches soulignent à quel point le monde, tel qu'on le connaît, pourrait bien devenir une dystopie, c'est-à-dire le pire des mondes possibles. D'ailleurs, la machine cinématographique hollywoodienne roule très bien sur cette idée avec des films comme *Hunger Games* et *Divergence*. Le savoir serait-il devenu cette arme que nous pourrions retourner contre nous-mêmes ? Certains savoirs seraient-ils à ce point dangereux qu'il faudrait y renoncer ? Est-il même possible d'en douter ? À ce sujet, le physicien Hans Bethe (1939-2005), l'ancien directeur de la Division de physique théorique du Projet Manhattan, également lauréat d'un prix Nobel (1967) pour ses travaux sur la nucléosynthèse stellaire, a appelé tous les scientifiques à cesser et à se désister de toute activité de conception, développement, amélioration, et fabrication d'armes nucléaires et autres armes au potentiel de destruction massive[221]. Dans une lettre adressée au président Clinton, il dira : « Il semble que le temps soit venu pour notre nation de

[220] Else, J. H. (1981), *The Day After Trinity: J. Robert Oppenheimer and The Atomic Bomb*, Image Entertainment.
[221] Broad, W. J. (1997), *He Lit Nuclear Fire; Now He Would Douse It*, New York Times, June 17.

déclarer que tout cela ne fonctionne pas, de toute façon, de développer d'autres armes de destruction massive, peu importe le type d'arme[222]. » Que signifient au juste ces appels à la prudence lancés par des gens crédibles et porteurs d'une certaine autorité et crédibilité scientifique ? Concrètement, ces appels sont essentiellement un plébiscite pour de plus en plus de vigilance et de responsabilité relativement aux technologies actuellement en développement, et spécifiquement les biotechnologies, les nanotechnologies, les neurotechnologies, l'intelligence artificielle, le génie génétique. D'ailleurs, en 2014, le célèbre physicien Stephen Hawking[223] a mis en garde la communauté scientifique contre le fait que l'intelligence artificielle pourrait bien mettre fin à l'humanité. Dans la foulée des déclarations de Hawking, l'entrepreneur Elon Musk (PDG de Tesla Motors, Space X et SolarCity) et le milliardaire et philanthrope Bill Gates ont eux aussi joint leurs voix à celle de Hawking, appelant ainsi à plus de prudence et de vigilance.

Quand on y regarde de près, il existe une différence d'importance entre l'époque du Projet Manhattan et celle qui prévalait en 2014. Nous ne sommes plus, comme en 1939, confrontés à un ennemi constituant une menace claire et immédiate pour notre civilisation et notre façon de vivre, loin de là. La menace proviendrait désormais non plus de l'intérieur, mais bien de notre soif insatiable de connaissances et de savoirs. Le changement de position est majeur, car nous sommes devenus ceux par qui l'extinction de la race humaine est susceptible de survenir en fonction du seul savoir et de la connaissance, le tout arrimé à un contexte économique hautement concurrentiel motivé par la seule perspective de gains financiers considérables. D'où la crainte de plusieurs groupes de pressions et de penseurs à propos du type

---

222 « It seems that the time has come for our Nation to declare that it is not working, in any way, to develop further weapons of mass destruction of any kind. »
223 Celan-Jones, R. (2014), *L'intelligence artificielle pourrait mettre fin à l'humanité*, Entrevue réalisée par la BBC avec Stephen Hawking, 3 décembre.

de vie et de société qui se dessine actuellement dans les laboratoires de hautes technologies qui ne seraient que l'aboutissement de ce qui est déjà sur les planches à dessin.

En fait, quels sont les risques réels d'extinction qui menacent l'humanité ? Le philosophe canadien John Andrew Leslie et l'ingénieur Ray Kurzweil se sont respectivement penchés sur la question. Pour John Leslie, ce risque s'évalue aux environs de 30 %, alors que Ray Kurzweil estime que les chances que nous puissions nous en sortir sont supérieures à la moyenne. Une fourchette de 20 % sépare donc la réflexion de ces deux penseurs, ce qui n'est pas rien. Cependant, que valent vraiment ces estimations ? À mon avis, et cet avis reste à étayer, ce ne sont que pures spéculations fondées sur des données tout aussi spéculatives. Lorsque le physicien australien Brandon Carter propose l'argument de l'Apocalypse qui se formule comme suit :

> « si le nombre d'êtres humains amenés à vivre sur Terre est fini, il est statistiquement plus probable que nous vivions au voisinage de la période qui voit le nombre médian d'humains être nés, ce qui, en extrapolant sur l'évolution de la population mondiale permet de proposer une hypothétique date de la fin de l'espèce humaine[224] »,

il faut se rendre à une évidence : plus le temps passe, plus l'extinction de la race humaine croît de façon significative. D'ailleurs, John A. Leslie souligne que si l'on accepte l'argument de l'Apocalypse,

> « nous devrions montrer quelque défiance face à la croyance voulant que nous soyons très exceptionnellement précoces, croyance selon laquelle nous ferions par exemple partie des premiers 0,001 % d'êtres humains de toute l'Histoire. Cela laisserait à penser que la race humaine n'a plus que quelques siècles à vivre, sans parler d'une colonisation de la galaxie. Si, en soi,

[224] Wikipedia, *Brandon Carter*.

> la thèse du Jugement dernier de Carter ne donne pas une estimation précise du risque, elle va dans le sens d'une révision des estimations qui ressortent de notre examen des divers dangers potentiels[225]. »

Confrontés que nous sommes à une telle éventualité, quelles alternatives s'offrent dès lors au genre humain ? Pour plusieurs, il faut s'empresser de coloniser tout d'abord notre propre système solaire, et par la suite, la galaxie. D'ailleurs, Ray Kurzweil et le roboticien Hans Moravec estiment que cette migration pourrait bien s'avérer non seulement nécessaire d'ici le milieu du XXIe siècle, mais surtout s'avérer impérative. Ces réflexions sur notre disparition sont cruciales pour les transhumanistes, car elles indiquent le type de développement scientifique et technologique qui doit être à l'ordre du jour.

La supposée sagesse de civilisations extraterrestres

Au-delà des discours qui suggèrent l'extinction de la race humaine, au-delà des discours catastrophistes des environnementalistes, au-delà des discours de la technologie salvatrice, ce que suggère Carl Sagan, c'est qu'il y aurait, dans l'univers, des civilisations plus anciennes que la nôtre qui auraient survécu à cette turbulente période qu'est l'adolescence scientifique et technologique, et que, forcément, ces civilisations seraient plus sages et plus avisées que la nôtre ; on voit ici poindre la proposition de Condorcet voulant que de plus en plus de développement scientifique et technologique conduise inévitablement à de plus grandes valeurs morales. Cette prétention de Sagan à envisager qu'il existerait dans l'univers des civilisations largement en avance sur la nôtre est appuyée sur ce qu'il est désormais convenu d'appeler l'Équation de Drake, équation qui permettrait d'évaluer le nombre de civilisations extraterrestres *N* dans notre seule galaxie avec lesquelles nous pourrions entrer en contact :

---

225 Leslie, J. A. (1996), The end of the world: the science and ethics of human extinction, Routledge, p. 1, p. 3, p. 145.

> $N = R^* \times f_p \times n_e \times f_l \times f_i \times L$ où R^* est le nombre d'étoiles en formation par an dans notre galaxie ; f_p est la fraction de ces étoiles possédant des planètes ; n_e est le nombre moyen de planètes potentiellement propices à la vie par étoile ; f_l est la fraction de ces planètes sur lesquelles la vie apparaît effectivement ; f_i est la fraction de ces planètes sur lesquelles apparaît une vie intelligente ; f_c est la fraction de ces planètes en mesure de communiquer et désireuses de le faire ; L est la durée de vie moyenne d'une civilisation, en années.

Les positions respectives de Sagan et Drake permettent dès lors de faire quelques observations. Premièrement, l'humanité occuperait une place tout à fait insignifiante dans l'univers ; c'est le principe de médiocrité qui s'applique, à savoir que la situation de notre planète et de ses habitants dans notre galaxie n'est pas exceptionnelle, elle est tout simplement dans la moyenne, donc « médiocre ». Pour rappel, c'est Copernic qui a amorcé ce décentrement du monde en affirmant que le soleil ne tournait pas autour de la terre, et que c'était bel et bien le soleil qui tournait autour de celle-ci, tandis que l'autre grand moment de décentrement du monde est arrivé avec Darwin qui a délogé l'homme de sa position dominante dans l'échelle des espèces en affirmant que celui-ci était le simple produit de l'évolution. Deuxièmement, il faudrait s'attendre à ce que certaines civilisations extraterrestres, celles qui auraient survécu à leur adolescence scientifique et technologique, nous soient moralement supérieures. Troisièmement, si certaines civilisations extraterrestres nous sont moralement supérieures, et si elles daignent s'intéresser à notre sort, elles pourraient bien nous servir de guide pour traverser sans problème cette turbulente période qu'est l'adolescence scientifique et technologique — les Moïse des temps modernes qui nous guideront à travers le désert vers la Terre promise. Quatrièmement, si ces civilisations extraterrestres nous sont à la fois scientifiquement, technologiquement et moralement supérieures, il est indubitable que peu importe ce que nous ferons, elles auront toujours un coup d'avance sur nous et ferons toujours mieux que nous — au rayon de l'infantilisation, difficile de faire mieux. Conséquemment, ce qu'il nous restera à faire, ce sera de s'en remettre sagement aux judicieux conseils de ces civilisations extraterrestres — on troque donc Dieu au profit d'extraterrestres plus sages que nous en tout.

Il faut aussi comprendre que derrière ces positions, se profile tout le programme SETI (Search for Extra Terrestrial Intelligence) d'écoute spatiale de civilisations extraterrestres dont Carl Sagan fut l'un des principaux promoteurs au début des années 1980. Le programme SETI, articulé autour de l'« affirmation de médiocrité », suppose qu'un jour nous serons en mesure de nous dépasser nous-mêmes par le seul fait d'une simple rencontre fortuite avec une autre civilisation. Mais pour y arriver, encore faut-il chercher où se trouve cette supposée civilisation dans l'immensité du cosmos, d'où l'utilisation de puissants radiotélescopes pour y parvenir. De là, en adoptant un point de vue sur notre propre humanité qui serait tout à fait insignifiante dans l'univers, ne sommes-nous pas en train de mettre en place une dynamique qui aurait tendance à considérer que l'humain est à ce point si peu unique, que même s'il disparaissait, cela ne changerait rien dans la balance du cosmos ? Autrement dit, lorsqu'on détruit une fourmilière d'un coup de pied ou à coups de pesticide, change-t-on pour autant quelque chose dans la balance de la vie sur Terre ? Cette réflexion peut sembler saugrenue, mais elle a tout de même son importance.

Tout au cours du XXe siècle, plusieurs événements sont venus souligner la prépondérance de l'être humain à l'autodestruction. La Première Guerre mondiale et la Seconde Guerre mondiale ont par ailleurs fait la démonstration éloquente de la mesure sauvage et prédatrice de l'homme. Alors même que le régime nazi avait été vaincu, les Américains n'ont pas hésité à se servir à deux reprises de la bombe atomique pour faire plier la nation japonaise. Robert Oppenheimer, pour donner suite à l'essai de la première bombe atomique, dira :

> « Nous savions que le monde ne serait plus le même. Certains ont ri, certains ont pleuré. La plupart étaient silencieux. Je me suis souvenu d'une ligne du texte hindou, la Bhagavad Gita, alors que Vishnou essaye de persuader le Prince de faire son devoir et, pour l'impressionner, prend son apparence aux multiples bras et lui dit : « Maintenant je suis la Mort, le destructeur des mondes ». Je suppose que nous avons tous pensé cela, d'une façon ou d'une autre[226]. »

Cette déclaration, faite en 1965, correspond tout à fait aux idées de la contre-culture hippie qui prévalaient à cette époque sur la dangerosité même de l'homme. Quatre ans plus tard, en 1969, à Vancouver, Paul Watson et Jim Bohlen, membres du *Don't Make a Wave Committee*, première incarnation de Greenpeace, embarquent à bord d'un vieux chalutier, le Phyllis Cormack, afin d'empêcher les essais nucléaires américains menés sur le site d'Amchitka en Alaska. Depuis ce temps, Greenpeace et le World Wide Fund (fondée en 1961) roulent sur cette prémisse que l'homme est une espèce dangereuse et nuisible pour elle-même, d'où l'idée de mettre en œuvre des campagnes de sensibilisation à l'échelle internationale sur les questions environnementales et se positionner ainsi comme les chiens de garde de la conscience humaine. Il suffit également de prendre connaissance de la mission du World Wide Fund pour comprendre que la présence de chiens de garde est essentielle et incontournable :

> « Stopper la dégradation de l'environnement dans le monde et construire un avenir où les êtres humains pourront vivre en harmonie avec la nature : en préservant la biodiversité du globe ; en garantissant une utilisation durable des ressources naturelles renouvelables ; en encourageant les mesures destinées à réduire la pollution et la surconsommation. »

[226] C'est lors d'une entrevue accordée par Robert Oppenheimer en 1965 dans le cadre d'un documentaire télévisé et intitulé *The Decision to Drop the Bomb*, que cette déclaration fut faite.

Pour sa part, l'écologiste James Lovelock, dès 1965, commence à élaborer l'hypothèse Gaïa qui stipule que la Terre est un système physiologique dynamique qui inclut la biosphère et maintient notre planète depuis plus de trois milliards d'années en harmonie avec la vie. Fondée sur des données en provenance de différentes disciplines — écologie, climatologie, géologie, biologie —, l'hypothèse Gaïa suggère un pronostic alarmiste quant à l'avenir de la biosphère, d'où tout le défi du changement climatique auquel l'humanité serait confrontée.

Il est donc clair que le comportement humain, s'il n'est ni surveillé ni encadré, est susceptible de conduire inévitablement à de plus en plus de situations pouvant nuire de façon irréversible à l'environnement. À ce titre, en 2008, James Lovelock, dans une entrevue accordée au Daily Mail, soutenait que :

> « vers 2040, la population mondiale, de plus de six milliards d'êtres humains, aura été exterminée par les inondations, la sécheresse et la famine. Les peuples du sud de l'Europe, comme ceux de l'Asie du Sud-Est, pénétreront violemment dans des pays comme le Canada, l'Australie et la Grande-Bretagne. [...] Si vous prenez les prédictions du GIEC, alors, vers 2040, chaque été en Europe sera aussi chaud qu'en 2003 — entre 110 et 120 °F. Ce n'est pas la mort des gens qui est le principal problème, c'est le fait que les plantes ne pourront pas pousser. Il ne poussera presque pas d'aliments en Europe. Vers 2040, des parties du désert du Sahara se seront étendues jusqu'au cœur de l'Europe. Il s'agit de Paris et même de régions aussi loin au nord que Berlin. En Grande-Bretagne, nous y échapperons en raison de notre position océanique. [...] Nous sommes sur le point de franchir un pas évolutif et mon espoir est que l'espèce émergera plus forte. Ce serait de l'orgueil de penser que les humains,

> tels qu'ils sont aujourd'hui, sont la race élue de Dieu[227]. »

Ce que dit Lovelock n'est pas forcément préoccupant à cause des catastrophes qu'il annonce — ce type discours a souvent servi les intérêts des environnementalistes —, mais bien par la nature même de certaines phrases. Par exemple, dans le fait d'affirmer que « ce n'est pas la mort des gens qui est le principal problème, c'est le fait que les plantes ne pourront pas pousser », il y a ici, clairement énoncée, non seulement la thèse malthusienne du contrôle des populations, mais aussi celle de l'insignifiance de la vie humaine. Lovelock n'affirmera-t-il pas que « l'espèce humaine est une sorte de maladie planétaire. Mais la civilisation, elle, est en danger. Et c'est la civilisation qui nous rachète et fait de nous un atout précieux pour la Terre[228]. » De quelle civilisation parle au juste Lovelock ? Au nom de qui parle-t-il exactement ? Et lorsqu'il affirme que « c'est le début de la fin d'une phase paisible de l'évolution[229] » qui commence, où a-t-il bien pu prendre cette idée voulant que l'évolution soit un processus paisible et tranquille ? En fait, quand on y regarde le moindrement de près, force est de constater que le processus évolutif est particulièrement violent, faisant disparaître espèce après espèce qui n'arrive pas à s'adapter aux changements que subissent leurs environnements.

Alors, si l'humanité n'a rien de vraiment spécial, si l'humanité est une sorte de maladie planétaire, si l'humanité a une propension naturelle à l'autodestruction, si la science et les technologies développées par l'humanité empoisonnent la planète, il faut supposer que notre civilisation, technologique par essence, est une civilisation vouée à plus ou moins brève échéance à l'extinction. Donc, vu sous cet angle, science et technologie sont ce par quoi

---

227 Sands, S. (2008), *We're all doomed ! 40 years from global catastrophe – says climate change expert*, London: Daily Mail, March 22.
228 Lovelock, J. (2008), *La Revanche de Gaïa*, Paris : J'ai Lu, coll. *J'ai Lu Essai*, p. 24.
229 Sands, S. (2008), *op. cit.*

l'apocalypse risque de survenir, d'où l'idée de recherche de civilisations extraterrestres qui pourraient nous guider, d'où une misanthropie certaine face au genre humain, d'où l'affirmation de médiocrité, d'où un anti-anthropocentrisme rampant.

Lorsque les tenants de la thèse SETI suggèrent que des civilisations extraterrestres très en avance sur la nôtre auraient été en mesure de traverser sans s'autodétruire la période de l'adolescence scientifique et technologique, c'est un peu comme s'ils formulaient le postulat suivant :

> « toutes les civilisations, peu importe leur localisation sur une quelconque planète qui tourne autour d'un quelconque soleil dans une quelconque galaxie dans le cosmos, suivraient toutes le type de développement scientifique et technologique que nous avons connu. »

Il faut être bien prétentieux pour formuler un tel postulat, c'est-à-dire une proposition que l'on demande d'admettre avant raisonnement, que l'on ne peut démontrer et qui ne saurait être mise en doute. Et ce postulat de la civilisation survivante à son adolescence scientifique et technologique fait particulièrement l'économie d'un concept pourtant fondamental : la contingence.

Par exemple, il nous aurait été impossible de construire des missiles et des fusées si nous n'avions préalablement pas été en mesure de comprendre le phénomène de la combustion. Pour comprendre le phénomène de la combustion, il aura fallu que certaines conditions sociologiques soient en place pour permettre l'émergence de la pensée scientifique. Autre exemple, la fusée Saturn V, qui a permis à l'homme de mettre le pied sur la lune, aurait-elle existé si les Américains n'avaient pas récupéré l'ingénieur allemand Werhner von Braun, inventeur des missiles V2, après la défaite de l'Allemagne ? L'ordinateur aurait-il connu le développement fulgurant qu'il a connu s'il n'y avait pas eu la Seconde Guerre mondiale ? Toutes ces réalisations sont issues de la Seconde Guerre mondiale. Et si le Traité de Versailles (28 juin 1919) n'avait jamais été signé après la Première Guerre mondiale, traité qui allait mettre l'Allemagne à genoux, la privant de ses colonies, d'une partie non négligeable de ses droits militaires, et l'astreignant à de lourdes réparations économiques, Hitler aurait-il pu s'engouffrer dans ce trou béant d'humiliation nationale qui allait servir de tremplin pour relancer la fierté allemande et entrer dans une guerre de conquêtes contre ses voisins dès 1939 ? Et si le Traité de Versailles n'avait pas existé, si la Seconde Guerre mondiale n'était pas advenue, les Américains auraient-ils inventé la bombe atomique de crainte que les nazis ne la possèdent avant eux, alors qu'ils n'y auraient pas eu de nazis pour les amener à développer ladite bombe ? La contingence n'est pas un phénomène à prendre à la légère. En fait, notre civilisation est ce qu'elle est actuellement parce qu'elle a été le produit de la contingence, c'est-à-dire qu'il est possible que certains événements se produisent, mais pas nécessairement. Tout est toujours question d'éventualités. Partant de là, est-il toujours possible d'affirmer que d'autres civilisations essaimées un peu partout dans le cosmos aient suivi, sur le plan scientifique et technologique, la même trajectoire évolutive que la nôtre ? C'est peu probable.

L'autre postulat que formulent les tenants de la thèse SETI, c'est que, premièrement, ces civilisations extraterrestres qui viendraient nous visiter seraient beaucoup plus vieilles que la nôtre et donc plus sages — une autre civilisation, dans des conditions totalement différentes de la nôtre, n'aurait-elle pas pu évoluer en suivant une courbe progressive beaucoup plus accélérée ? Deuxièmement, si ces civilisations sont beaucoup plus vieilles que la nôtre, c'est forcément qu'elles ont non seulement survécu à leur propre science et technologie, mais qu'elles ont peut-être réussi soit à mettre au point la fusion nucléaire, soit qu'elles disposent de la capacité à réorganiser à volonté la matière et l'énergie, soit qu'elles sont déjà en mesure de défier la mort — et si les membres de cette autre civilisation possédaient déjà la capacité de vivre 200 ou 300 ans, voire plus ? Dans un cas comme dans l'autre, il y a ici un anthropomorphisme primaire qui renvoie non seulement à ce que nous n'avons pas encore pu réaliser en tant qu'espèce, mais renvoie avant tout à ce vieux principe qui consiste à prêter aux dieux inventés par les humains des caractéristiques merveilleuses et étonnantes qu'eux-mêmes ne possèdent pas, mais dont ils voudraient bien être porteurs. Troisièmement, comment prétendre qu'une civilisation extraterrestre plus vieille que la nôtre soit forcément plus sage, et que, dans la foulée, elle dispose de valeurs morales plus élevées que les nôtres, alors que cette civilisation aurait suivi une courbe évolutive contingente tout à fait différente de la nôtre ? Finalement, quand on examine l'ensemble des hypothèses retenues pour résoudre le Paradoxe de Fermi, qui se formule comme suit, « *S'il y avait des civilisations extraterrestres, leurs représentants devraient déjà être chez nous. Où sont-ils donc ?* », il faut se rendre à une bête évidence : toutes les explications proposées renvoient à des concepts calés sur notre propre réalité évolutive au fil du temps. On n'en sort pas, ce sont toujours les mêmes schémas qui se répètent, mais apprêter à différentes sauces selon les préoccupations du moment.

Et c'est ici qu'intervient le raisonnement transhumaniste qui, comme nous le verrons, relève du même raisonnement que nous venons tout juste de décrire. En fait, les transhumanistes supposent que les extraterrestres ont tout simplement décidé d'abandonner leurs corps pour habiter un quelconque cyberespace. Encore là, une explication apprêtée à la sauce transhumaniste. Pour Ray Kuzweil, s'il existe des entités plus intelligentes que nous dans l'univers, c'est qu'elles sont le fruit d'« une fusion entre l'espèce elle-même et les technologies intelligentes qu'elles auraient développées[230]. » Au risque de se répéter, ce discours se cale encore et toujours sur des prémisses liées au développement

[230] Kurzweil, R. (2000), *The Age of Spiritual Machine*, New York : Penguin Books, p. 257.

technologique de notre civilisation. À ce titre, lorsque Kurzweil affirme que

> « les délégations qui viendront visiter la Terre depuis des planètes fort éloignées seront très petites en terme de taille [parce que, tout comme] les technologies informatiques qui auront été développées vers la fin du XXIe siècle seront d'une taille microscopique, pourquoi une délégation venue d'une autre planète utiliserait-elle un vaisseau spatial de la dimension de ceux que nous voyons dans les films de science-fiction, puisqu'aucune raison ne milite en faveur du fait de transporter des organismes vivants et tous les équipements qui nécessaires à leur survie ?[231] »,

il fait nettement référence à trois choses : (i) des nanotechnologies ; (ii) une puissante capacité de calcul embarquée dans un objet d'une taille microscopique ; (iii) des entités microscopiques dotées d'intelligence artificielle. Et Kurzweil poursuit en disant que

> « ces visites n'auront pas pour but de s'approprier les ressources matérielles d'une planète, puisqu'une civilisation avancée aura forcément dépassé le stade où elle a besoin de ressources matérielles. Elle sera en mesure de manipuler son propre environnement par le truchement de nanotechnologies pour faire face à tout besoin d'ordre matériel[232]. »

Cette affirmation se fonde avant tout sur un postulat : la civilisation dont parle Kurzweil aurait suivi le même schéma de développement technologique que le nôtre, d'où sa capacité à développer et déployer des nanotechnologies qui lui permettraient de manipuler énergie et matière pour subvenir à ces besoins de quelque ordre qu'ils soient. Ce qu'il faut ici présumer, c'est que, avec les transhumanistes, il est possible de faire l'économie de la thèse de Malthus sur la disponibilité, l'exploitation et la rareté

---

[231] *Idem.*, p. 257.
[232] *Idem.*

des ressources, car il suffirait simplement de disposer des nanotechnologies appropriées pour y arriver. Et Kurzweil de poursuivre en affirmant que

> « le but avoué de ces visites consistera essentiellement à recueillir des informations, car le seul véritable intérêt d'une civilisation avancée est avant tout l'accumulation de savoirs (ce qui est sur le point d'être la réalité pour notre propre civilisation, ici même sur Terre). Tout ceci peut être fait avec l'aide de quelques dispositifs d'observation, de collecte d'informations, d'une bonne puissance de calcul et de communication. Et ces vaisseaux spatiaux seront vraisemblablement aussi petits qu'un grain de sable, peut-être même de dimension microscopique. C'est peut-être là la raison pour laquelle nous n'avons pas encore été en mesure de constater leur présence[233]. »

Ici, Kurzweil arrive à éliminer deux problèmes. Premièrement, les extraterrestres n'ont aucun intérêt pour les ressources matérielles ; on élimine ainsi à la fois le problème malthusien de l'accroissement des populations versus les ressources, ainsi que le problème darwinien du mieux adapté pour la survie, car dans une telle perspective, la survie pour l'existence perd tout son sens pour cette civilisation avancée, car ce sens ne consiste qu'en une simple quête de savoirs. Deuxièmement, il n'est nullement nécessaire de se préoccuper des extraterrestres, puisqu'ils n'ont strictement aucun intérêt pour nos ressources. Il s'agit vraisemblablement là du tour de passe-passe intellectuel le plus habile jamais inventé pour balayer sous le tapis des explications autrement plus crédibles et scientifiques.

Mais là ne s'arrête pas, avec Kurzweil, la quête d'une intelligence extraterrestre, alors qu'elle devrait pourtant s'arrêter. En fait, le plus grand espoir du SETI est que nous arrivions à communiquer avec des êtres intelligents qui nous ressembleraient suffisamment pour que nous puissions nous comprendre et qui,

233 *Idem.*, p. 258.

dans le même souffle, seraient assez différents pour qu'ils puissent nous être d'une quelconque utilité : guérir les maladies que nous ne pouvons encore guérir ; devenir immortels ; accéder au voyage interstellaire ; mettre fin à la guerre ; éliminer les inégalités sociales ; etc. Si, pour le programme SETI, l'univers n'est pas le cosmos tel que l'envisageait les Grecs de l'Antiquité, à savoir un monde clos et ordonné, mais bien un chaos d'interactions aléatoires et sans finalité aucune entre matière et énergie qui, par l'intermédiaire des forces sous-jacentes au principe darwinien de l'évolution et de la contingence finit par produire de la vie intelligente, il faut alors supposer que les extraterrestres qui émergent de ce processus sont à l'image de la réflexion menée par les pythagoriciens dont s'entretenait Socrate avec Calliclès :

> « le ciel et la terre, les Dieux et les hommes sont liés entre eux par une communauté, faite d'amitié et de bon arrangement, de sagesse et d'esprit de justice, et c'est la raison pour laquelle, à cet univers, ils donnent, mon camarade, le nom de cosmos, d'arrangement, et non celui de dérangement non plus que de dérèglement[234]. »

Et c'est bien ce à quoi s'attend le programme SETI, une communauté faite d'amitié et de bon arrangement, de sagesse et d'esprit de justice.

En contrepartie de cette vision, il y aussi celle du *mythe de la fin* élaboré par des centaines d'auteurs de science-fiction et de réalisateurs de l'industrie cinématographique hollywoodienne qui proposent une vision totalement différente, entièrement fondée sur les impératifs malthusiens et darwiniens : les civilisations extraterrestres viennent ici pour exploiter nos ressources. Le film culte, *Independance Day*, sorti en 1996, et sa suite, *Independance Day 2 / Resurgence*, sortie en 2016, représentent la

[234] Platon, *Gorgias*, 507e - 508a.

quintessence de l'apocalypse et de l'extinction de la race humaine :

> « En période de crise, la fonction de la catastrophe apparaît donc évidente : elle permet de proposer au spectateur (qui en a absolument besoin pour son identité, au moment où toutes les certitudes vacillent) un *mythe de sa fin*. De même qu'en d'autres temps on lui avait proposé des *mythes d'origine* (par exemple, les *westerns* dont il ne faut pas s'étonner qu'ils disparaissent par temps de crise). Toutes les descriptions complaisantes de calamités [...] exorcisent une peur panique : celle, ancestrale, de la fin du monde. C'est d'ailleurs pourquoi, à la fin des années 1990, à l'occasion de la fin du siècle et du millénaire, dans des circonstances économiques tout à fait différentes (euphorie financière, chômage presque inexistant, croissance forte), l'Amérique a vu refleurir une nouvelle génération de films-catastrophes[235]. »

Qu'il s'agisse du programme SETI et de sa vision de civilisations extraterrestres doctes et sages ou de la vision des catastrophistes, les deux approches ont la même finalité :

> « Ils permettent d'imaginer une table rase générale et un meilleur recommencement sur d'autres bases scientifiques, morales et politiques. Ils nous offrent l'occasion d'une sorte de revanche universelle contre les normes de la raison scientifique (contre la trahison technologique) et contre ses privilèges[236]. »

Pour pasticher Nietzsche, ce comportement est tellement « humain, trop humain ». En ce sens, le film *Independance Day* est tout à fait conforme à tous les *mythes de la fin* que l'on retrouve dans toutes les cultures humaines, peu importe leur localisation géographique ou dans le temps. Et l'une des particularités qui fédèrent tous ces mythes est bien celle de deux survivants ou

[235] Ramonet, I. (2004), *Propagandes silencieuses*, Paris : Gallimard, p. 113.
[236] *Idem.*, p. 115.

protagonistes qui permettent à l'humanité de repartir à zéro. Dans le cas du film *Independance Day*, le premier est un juif, qui est à la fois un petit génie de l'informatique et un environnementaliste convaincu, et le second, un noir, pilote chevronné de l'aviation américaine, brave et facétieux, qui sauveront la planète. Même le président des États-Unis, ancien pilote de l'aéronavale, montera à bord d'un chasseur à la fine pointe de l'avionique pour combattre l'ennemi, donnant ainsi l'exemple du leader qui n'a pas peur de se confronter au sale boulot. Ne dira-t-il pas, après la victoire : « *Le 4 juillet ne sera plus connu comme une fête américaine, mais comme le jour où le monde a dit : Nous allons survivre. Nous célébrons notre jour de l'indépendance.* » Et ces films-catastrophes,

> « Dans leur naïveté mythique, [...] presque clandestinement, distillent un silencieux message : leur souhait profond de voir des appareils, comme l'armée ou la police, ou des hommes providentiels, prendre en main la restauration, la reconstruction d'une société en crise, même s'il faut pour cela sacrifier partiellement la démocratie[237]. »

Il faut également souligner une autre constante de cette représentation moderne de la catastrophe : les civils sont toujours tenus à l'écart de toutes décisions et des plans élaborés et échafaudés par de quelconques autorités politiques, militaires, scientifiques ou technologiques. Les quelques « élus » qui feront partie du cercle des initiés et qui détiennent les solutions seront généralement des ingénieurs, des scientifiques, des techniciens et des entrepreneurs. Et ces solutions seront ou non avalisées par la suite par une quelconque autorité politique qui veillera, de façon tout à fait paternaliste, à tout faire pour protéger les populations.

Il y a ici un point important à retenir : ceux qui détiennent les solutions sont soit des ingénieurs, des scientifiques, des techniciens ou des entrepreneurs. Dans une société comme la nôtre,

---

[237] Ramonet, I. (2004), *op. cit.* p. 121.

articulée autour de la science et de la technologie, et surtout de la technologie, ce sont justement ces gens qui sont en train de concocter notre avenir collectif. Qu'on ne s'y trompe pas, les transhumanistes de ce monde font partie de ce qu'il est convenu d'appeler une minorité agissante. Et de façon générale, dans l'histoire, ce sont les minorités agissantes qui ont tenu le haut du pavé pour orienter les sociétés dans telle ou telle direction. Ce qui se prépare actuellement dans les antichambres des laboratoires des scientifiques, des ingénieurs et des techniciens de toutes sortes est ce qui façonnera notre futur. Certes, le futur ne ressemble jamais vraiment à ce qu'on pense qu'il sera. Personne ne peut prévoir où nous conduira telle ou telle technologie, découverte ou innovation, mais une chose est certaine, il importe d'y jeter un coup d'œil critique et très attentif.

Que des civilisations extraterrestres nous soient hostiles ou bienveillantes importe peu. Nous l'avons bien vu, celles-ci sont une histoire que nous nous racontons à propos de nous-mêmes. Elles font partie à la fois du mythe des origines et du mythe de la fin. Mais plus que tout, cette histoire indique la direction que nous sommes en train de prendre. L'actuelle convergence des nanotechnologies, des biotechnologies, des neurotechnologies, de l'intelligence artificielle et des sciences cognitives, nous donnera accès à un pouvoir jusqu'ici sans équivalent depuis les débuts de l'humanité. Si les extraterrestres agresseurs et prédateurs existent, ils n'ont qu'à bien se tenir ! Et les nanotechnologies, entre autres, pourraient bien ouvrir la porte d'un pouvoir incommensurable qui permettrait de faire tout ce qui peut être fait dans la mesure même où l'autorisent les lois de la nature. Les rêves les plus fous des transhumanistes sont peut-être à notre portée.

Et **il est là le coup de génie des transhumanistes** : ils ont réussi à mettre de côté l'idée que nous ne survivrons pas à notre adolescence scientifique et technologique, car dès que la singularité surviendra — dans à peine trente ans selon leurs prévisions les plus conservatrices —, nous détiendrons *de facto* la sagesse requise pour éviter notre propre annihilation : exit, donc, les civilisations extraterrestres plus sages que la nôtre qui nous guideraient. Non seulement les transhumanistes ont-ils réussi ce coup de force, mais ils ont également réussi à nous débarrasser de l'épineux problème des civilisations extraterrestres prédatrices. Ray Kurzweil n'a-t-il pas dit que si les extraterrestres existent, ces derniers n'ont qu'une seule motivation, l'accumulation de connaissances, tout comme nous, même si la singularité technologique n'est pas encore advenue.

Ce qu'il y de fascinant dans l'affaire, c'est que les transhumanistes n'ont pas besoin de l'hypothèse des extraterrestres pour expliquer là vers où se dirige l'espèce humaine dans son propre développement, tout comme Pierre-Simon de Laplace n'a pas eu besoin de l'hypothèse de Dieu pour expliquer les lois du cosmos. Pourquoi ? Parce que, comme nous l'avons déjà mentionné, le projet transhumaniste a réussi à concilier les thèses positives de Condorcet, les thèses défaitistes de Malthus, et les thèses évolutionnistes de Darwin. Autrement dit, par la seule technologie il est possible de régler tous les problèmes et de concilier bon nombre de théories. Du moins, c'est ce que croient les transhumanistes. Ray Kurzweil n'a-t-il pas l'intention de saturer l'univers entier de notre intelligence, de faire en sorte que l'ensemble de l'univers devienne suprêmement intelligent par l'intermédiaire d'une impressionnante batterie de moyens technologiques tous plus sidérants les uns que les autres, afin d'être capable de tout manipuler selon notre volonté ?

Voilà pourquoi le projet transhumaniste est si porteur — il a tout du mythe technoscientifique —, car les mécanismes dont il dispose font en sorte que ce qui est proposé ne relève d'aucune doctrine. Personne ne sera contre le fait de ne pas vieillir. Personne ne s'élèvera contre le fait de développer tout ce qui peut contribuer à la santé du corps et de l'intellect.

La Guilde des ingénieurs de la vie

Il existe une courbe évolutive qui mènera à un corps quasi parfait ; du moins c'est ce que pensent les transhumanistes. Cette courbe se dessine à partir de quatre tendances lourdes : l'accélération technologique ; la convergence technologique ; l'augmentation de l'espérance de vie ; le transfert du processus évolutif depuis la nature vers une minorité agissante, celle des ingénieurs, plus spécifiquement, ceux qu'il est possible de regrouper sous le vocable de Guilde des ingénieurs de la vie.

Depuis l'arrivée des technologies numériques, c'est-à-dire depuis que nous disposons collectivement de microprocesseurs qui permettent de calculer et de traiter de plus en plus de grandes masses d'informations, le progrès scientifique et technologique a connu une croissance incrémentale, c'est-à-dire que la toute dernière innovation apporte sans cesse une valeur ajoutée significative à la précédente, une amélioration porteuse en quelque sorte, qui multiplie d'autant les possibilités de la prochaine innovation. Ces innovations surviennent généralement sur plusieurs fronts, ceux-ci propulsés par des intérêts tout aussi différenciés : commerciaux, économiques ; financiers ; politiques ; militaires ; pharmaceutiques ; médicaux ; scientifiques. D'ailleurs, qui n'a pas constaté à quel point tout change rapidement et que le changement semble constamment s'accélérer ? Qui pense que, dans dix ans d'ici, les ordinateurs ressembleront à ce qu'ils sont aujourd'hui ? Le corollaire de cette perception, que nous avons actuellement à propos du changement technologique, tient dans le fait que nous tenons ce processus pour acquis, comme si ce rythme soutenu était le prix normal à payer pour que nous puissions vivre plus longtemps, dans de meilleures conditions de vie et surtout en meilleure santé, tant sur le plan physique qu'intellectuel.

Une augmentation à la fois

Nous disposons aujourd'hui d'une kyrielle de technologies qui permettent d'augmenter les capacités du corps, voire même de s'y substituer. Par exemple, un individu ayant une mauvaise vue peut se rendre chez l'opticien, passer un examen qui évaluera sa condition visuelle, et se voir prescrire une paire de lunettes. Il s'agit là du b.a.-ba de la correction et de l'augmentation visuelle, une technologie en place depuis le milieu du XIXe siècle qui a largement fait ses preuves. Autrement, notre patient pourrait choisir des lentilles de contact, plus pratiques et plus discrètes que les lunettes, qui ne modifient pas l'apparence de son visage. Les lentilles de contact représentent, en tant que telles, le second stade technologique de la correction et de l'augmentation visuelle. Initialement inventées en 1887 par l'ophtalmologiste allemand Adolph Eugene Fick (1852-1937), et fabriquées à partir de verre soufflé, ces lentilles de contact, grandes, lourdes et inconfortables, couvraient la presque totalité de la surface de l'œil. Dans les années 1930 et 1940, les opticiens ajouteront une bande de plastique rigide autour de la partie centrale en verre afin de les rendre plus confortables. Dans les années 1950, ce sera le passage de la lentille de contact en verre à celle de la lentille de contact en plastique. Ce n'est qu'en 1961 qu'un chimiste tchèque, Otto Wichterle (1913-1998), mettra au point le premier hydrogel permettant de fabriquer des lentilles de contact à la fois souples et confortables, mais ce n'est qu'à partir de 1971 qu'elles seront commercialisées à grande échelle et qu'elles ne cesseront de connaître des progrès technologiques incrémentaux. Ainsi, sommes-nous passés de la lentille souple à utilisation prolongée, à la lentille souple et jetable, à la lentille souple bifocale à utilisation quotidienne, à la lentille teintée modifiant la couleur des yeux, à la lentille comportant une protection contre les rayons ultraviolets.

L'autre grande innovation en matière de correction visuelle, et qui ne nécessite le port d'aucune prothèse (lunette, lentille de contact), c'est la chirurgie au laser qui corrige de façon quasi définitive les problèmes liés à la vision. Un cran plus haut, aujourd'hui, certaines rétines artificielles permettent de restaurer en partie la vision chez des personnes affligées de problèmes spécifiques de cécité. Autrement, ce sont de minuscules télescopes implantés dans l'œil chez des personnes souffrant de dégénérescence maculaire. Toutes ces technologies, qu'il s'agisse de la lunette classique, de la lentille de contact, de la rétine artificielle ou du télescope maculaire, sont inscrits dans un processus de développement continu et incrémental pour le grand bénéfice des gens qui ont des problèmes de vision.

L'exemple de la correction et de l'augmentation visuelle est intéressant à plus d'un égard, car il montre à quel point l'accélération technologique est incrémentale. Et cette accélération technologique, Ray Kurzweil en a fait une loi, la *Loi du retour accéléré*. Cette dernière se formule *grosso modo* comme suit : le progrès technique connaît une croissance exponentielle depuis la nuit des temps, le progrès entraînant le progrès et ainsi de suite. Au bout de ce processus devrait théoriquement émerger un genre de surhomme aux facultés intellectuelles et physiques largement augmentées par rapport à notre condition actuelle, voire un homme en totale symbiose avec différentes technologies numériques, voire même un homme totalement désincarné. Tant qu'à tout dématérialiser, pourquoi ne pas dématérialiser le corps ? Pourquoi ne pas le reconfigurer ou le reconstruire à volonté à partir de nanotechnologies ? Tous les scénarios les plus délirants sont ouverts. Mais tous ces scénarios, comme n'importe lequel scénario, constituent essentiellement une histoire, et l'exemple de la correction et de l'augmentation visuelle est intéressant à plus d'un égard. En fait, qui pourrait bien être contre ce type d'innovation technologique ? Impossible, même sur le plan éthique, de s'opposer à de telles améliorations et innovations. Et comme l'innovation en ce domaine est peu susceptible de soulever la controverse, il est même encouragé de poursuivre la recherche dans des domaines aussi diversifiés que celui des microprocesseurs spécialisés dans le traitement de l'image, des sciences des matériaux, des biotechnologies et même des nanotechnologies. Autrement dit, à l'aune d'une convergence technologique, produire un œil artificiel, biologique ou non, élaboré à partir de matériaux biologiques ou non, ou fusionnant matériaux biologiques et électroniques, devient un impératif afin que des gens ayant perdu l'usage de la vue puisse la retrouver.

Partant de là, qu'est-ce qui empêcherait qui que ce soit de concevoir et développer un œil qui ferait encore mieux que l'œil issu du long processus évolutif ? Pourquoi ne pas concevoir un œil en mesure de bien voir dans des conditions de faible luminosité, de voir dans le spectre infrarouge ou ultraviolet, qui serait capable d'effectuer des zooms comme le font les caméras, qui seraient en mesure de se connecter à un réseau de communication pour stocker les données, etc.? On comprendra que de telles améliorations pourraient conférer un avantage particulièrement compétitif à ceux qui seraient porteurs d'un tel œil. Il n'y a qu'à penser aux soldats, aux policiers, aux pilotes d'avion, aux médecins, etc. Il faut également supposer que ceux qui travaillent dans le même domaine que ceux qui ont profité d'un tout nouveau type d'œil voudront, eux aussi, par simple pression sociale, s'en procurer un, de crainte d'être socialement déclassés. Sans vraiment spéculer, il faut également s'attendre à ce que les coûts de production d'un œil artificiel chutent de façon telle, que l'œil artificiel spécialisé dans tel ou tel domaine devienne accessible à une large part de la clientèle ciblée, tout comme il faut s'attendre qu'il y aura toujours l'œil artificiel à la fine pointe de la technologie que seuls certains nantis pourront se procurer. Et si la production de masse démocratise l'accès à certains produits, il y aura toujours un marché destiné à des gens plus fortunés qui procure une marge bénéficiaire beaucoup plus élevé pour les commerçants que le produit de base. En ce sens, la stratification sociale est inhérente au développement technologique.

Et c'est là où joue la convergence technologique. Chaque innovation dans un domaine donné ne trace pas la carte totale du territoire des projets technologiques transhumanistes, car chaque innovation, incrémentale par définition, et se limitant à un domaine donné, ne transforme pas l'ensemble de toutes les technologies, mais améliore éventuellement par ricochet chacune des technologies de différents domaines. Par exemple, l'imagerie médicale a largement profité du développement rapide des microprocesseurs. Dans le même sens, chaque innovation dans un domaine donné ne trace pas la carte totale du territoire des projets d'augmentation et d'amélioration de l'être humain du projet transhumaniste, car chaque innovation, incrémentale par définition, et se limitant à un domaine donné, ne transforme pas l'humain dans sa totalité, mais améliore seulement une partie de chaque être humain qui en profite. Cependant, étant donné que chaque être humain est membre d'une collectivité, et si chaque être humain de cette même collectivité est amélioré ou augmenté, alors toute la collectivité profite et/ou bénéficie chaque fois de façon incrémentale de l'amélioration apportée chez chacun. Conséquemment, chaque innovation incrémentale, que ce soit dans le domaine technologique ou social, transforme chaque fois les individus et la société. Autrement dit, l'individu ou la société d'avant l'innovation ne sont plus tout à fait l'individu ou la société d'après l'innovation.

Et c'est là où Ray Kurzweil se trompe, lorsqu'il affirme qu'un individu reste toujours ce qu'il est dans son essence, malgré toutes les augmentations ou les améliorations dont il aura été l'objet. Dans son livre intitulé *The Age of the Spiritual Machines*, Kurzweil nous entretient d'un certain individu prénommé Jack et nous demande si, chaque fois qu'il est amélioré ou augmenté, ce dernier reste toujours le même[238]. Après avoir subi une intervention chirurgicale permettant la mise en place d'un implant cochléaire, Jack est-il toujours le même individu que nous connaissions ? Certes, répond son entourage. Quelques années plus tard, Jack entend parler d'un tout nouveau prototype auditif qui augmente l'ensemble des perceptions auditives, et il accepte que l'on procède à la pose de l'implant. Jack est-il toujours le même individu que nous connaissions ? Certes, répond son entourage. Quelque temps plus tard, Jack se présente chez son optométriste, qui lui propose le tout nouvel implant de traitement de l'image qui corrigera définitivement ses problèmes de vision. Jack accepte l'intervention. Jack est-il toujours le même individu que nous connaissions ? Certes, répond son entourage. Quelques années plus tard, Jack constate que sa mémoire n'est plus tout à fait aussi fiable qu'elle était. Voyant la publicité à propos d'un nouvel implant mémoriel, Jack consent à l'intervention. Et c'est fantastique, car Jack dispose désormais d'une capacité de rétention mémorielle décuplée et se souvient constamment de tout. Même certains souvenirs plus ou moins agréables refont surface. Jack est-il toujours le même individu que nous connaissions ? Cette fois-ci, son entourage constate un changement dans la « qualité » de ce qui fait Jack. En revanche, tout son entourage s'entend pour dire que Jack est toujours le même type qui pratique l'autodérision et que, au bout du compte, c'est toujours le même bon vieux Jack. Au total, avons-nous toujours le même Jack ? Son entourage pense que oui, et Jack, pour sa part, considère qu'il est toujours le même et qu'il se trouve tout simplement amélioré. Son audition, sa vision, sa mémoire et ses capacités cognitives ont été augmentées, mais, nous dit Kurzweil, c'est toujours le même bon vieux Jack.

Kurzweil a-t-il raison de penser qu'il s'agit encore et toujours du même bon vieux Jack ? En fait, non, et je m'explique. Si la

---

[238] Kurzweil, R. (2000), *op. cit.*, p. 52-53.

Loi du retour accéléré s'applique pour le développement technologique et scientifique, elle doit forcément s'appliquer pour celui qui reçoit des technologies qui ont profité de la *Loi du retour accéléré.* Si, à chaque itération incrémentale, les technologies se perfectionnent de plusieurs degrés, celui qui reçoit ces mêmes technologies se « perfectionne » également de quelques ou plusieurs degrés. Autrement dit, l'individu qui a recouvré ses fonctions auditives par la mise en place d'un implant cochléaire n'est plus tout à fait le même individu qu'hier, car le type de lien social qu'il entretenait auparavant avec ses semblables n'est plus tout à fait de même nature, puisqu'il entend. Conséquemment, le rôle social qu'il occupe dans la société vient de subir quelques modifications — le rôle social, une notion introduite par le sociologue Talcott Parsons (1902-1979), correspond au rôle que chaque personne revêt dans la société, sans compter que nul ne peut échapper au rôle social qu'il doit assumer. En ce sens, lorsque Jack avait de graves problèmes d'audition, l'un des rôles qu'il devait assumer en société était celui de la personne ayant des problèmes d'audition qui entretenait des liens sociaux très particuliers avec son entourage pour arriver à comprendre les autres et à se faire comprendre des autres. Donc, du jour au lendemain, alors que Jack recouvre l'audition, Jack peut sortir du rôle social de la personne qui a de graves problèmes d'audition, accédant ainsi à un tout nouveau rôle social, soit celui de Jack qui est dans la norme sociale. L'implant cochléaire affecte donc en retour le comportement même de Jack et Jack n'est plus tout à fait le même dans son « essence ».

Imaginons un instant que Jack ait effectivement payé pour se faire implanter le tout nouveau dispositif mémoriel qui décuple non seulement sa capacité de rétention mémorielle, mais également ses capacités cognitives et de raisonnement. Ce Jack n'est définitivement plus le même Jack. Si le seul environnement peut modifier une personne en profondeur — par exemple, si une personne change de train de vie à cause d'un revers de fortune, et qu'elle chute dans le classement social, elle verra sa vie transformée, modifiant d'autant ses comportements par rapport à ce qu'elle était auparavant —, il est plausible de penser que toutes modifications des capacités cognitives changeront en profondeur un individu. Au bout du processus, Jack ne sera plus tout à fait le même individu qu'au départ. Et je pense que toutes technologies ayant profité de la *Loi du retour accéléré*, dès qu'elles investiront l'humain dans ce qui le constitue, modifieront non seulement en profondeur et de plusieurs degrés l'individu, mais feront en sorte que l'individu sera lui-même engagé dans un processus de retour accéléré, car l'un ne peut pas être découplé de l'autre. Il faudra donc s'attendre à ce que les individus suivent une courbe évolutive accélérée dès que les technologies les modifiant, ou les améliorant, ou les augmentant se multiplieront. Là se joue la convergence technologique.

L'augmentation de l'espérance de vie

Prolonger l'espérance de vie n'est pas seulement l'apanage du projet transhumaniste. Comme je l'ai souligné à quelques reprises, pour comprendre pourquoi les transhumanistes proposent ce qu'ils proposent, il faut voir à partir de quel matériau social ces derniers fondent leur démarche afin de suggérer qu'il est possible non pas seulement d'améliorer le corps, mais de le transcender. Depuis le début de cet essai, il a été possible de dégager une méthode de contrôle social toute simple qui traverse toutes les époques et dont la finalité est justement de prolonger l'espérance de vie. Il s'agit d'une mise en alarme des lieux, des espaces, des comportements et des corps susceptibles de raccourcir l'espérance de vie, c'est-à-dire une forme de gouvernement social et de gouvernement de soi. Et comme le lecteur le constatera, le gouvernement de soi s'est constitué, au fil du temps, comme mythe technoscientifique. Plus encore, il est devenu un mythe de l'ultime identification au corps. Nous proposons donc au lecteur un bref parcours historique qui montrera comment ce mythe à propos du corps a conduit à ce que nous proposent aujourd'hui les transhumanistes.

La gestion publique de la maladie, au Moyen-Âge, est à la mesure du savoir médical et de sa pratique. Dans la plupart des cas, nous sommes plutôt en face de règles d'hygiène collectives conseillant l'isolement des malades — ce qui relève du bon sens commun —, l'enfouissement des déjections, la propreté des villages et des campements. Ces règles, qui semblent aujourd'hui rudimentaires, ne le sont pas pour autant : la conquête de l'hygiène est une longue aventure humaine. Ici, ce qui importe c'est de repousser le mal faute de pouvoir l'endiguer ou même le contrôler. Dans ce Moyen-Âge constamment aux prises avec les grandes maladies infectieuses, la mise en alarme des lieux, des espaces, des comportements et des corps passe avant tout par le contaminé, le pestiféré, donc elle passe inévitablement par la quarantaine, qui isole à la fois les individus et les milieux contaminants, permettant ainsi de mieux contrôler la circulation des individus et des marchandises. Cordons sanitaires, isolement des malades dans leur maison, enfermement des malades à l'écart dans des établissements spéciaux isolés (réseau de léproseries et de lazarets) pour les exclure de la communauté, ont tous une finalité : repousser le mal. Deux registres de mise à distance des dangers sont alors en place : celui du surnaturel et du magique avec pèlerinages, saintes reliques, exorcisme, magie, prières, pierres précieuses ; celui du pragmatique avec épices et aromates, régime alimentaire (sobriété, abondance), usage du vinaigre et de peaux de bête à odeur forte, qui procurent une action prophylactique relativement efficace, crémation des habits et des effets personnels des contaminés et des morts, eau bouillie, assèchement des marais. Constamment confronté à la proximité de la mort et à cet indicible sentiment d'impuissance face aux grandes épidémies, la finalité de tout ce qui s'est mis en place au Moyen-Âge pour contrôler la maladie consiste avant tout à repousser le mal.

Avec la Renaissance, ce qui importe, ce n'est plus seulement de repousser le mal, mais surtout de l'isoler. La mise en alarme des lieux, des comportements et des corps passe par l'odeur (les vapeurs empoisonnées, les miasmes remontant des étangs, des corps malades ou se dégageant des cadavres en décomposition) et le visible (porcheries, étals d'équarrissage, signes corporels d'une certaine contamination, vêtements, effets personnels, marchandises débarquées des navires). La mise aux normes des lieux, des comportements et des corps passe par la quarantaine qui devient modèle dominant, isole à la fois les individus et les milieux contaminants. La mise à distance des dangers s'articule sur deux registres : celui de la dévotion ; celui du pragmatique en évitant d'ouvrir les pores de la peau par les bains et les plaisirs sensuels, la préservation de soi, les épurements, l'exercice, le bien manger et bien boire, les pratiques prophylactiques de base, l'eau bouillie, l'assèchement des marais. Si importantes que soient les découvertes de l'anatomie et autres développements du savoir et des pratiques, à la Renaissance c'est surtout la mise en place de l'institution sanitaire qui confirmera qu'il est possible d'isoler le mal, devançant par là même le savoir médical de l'époque. Alors que le Moyen-Âge cherchait avant tout à repousser le mal, la Renaissance déploiera un arsenal de moyens pour l'isoler en tentant de le circonscrire.

Aux XVIIe et XVIIIe siècles, il ne s'agit plus seulement de repousser le mal comme au Moyen-Âge, ou de l'isoler comme à la Renaissance, mais de le prévenir activement afin de maximiser la vie de la population. Ainsi, la mise en alarme des lieux, des comportements et des corps passe par le drapeau jaune de la quarantaine, les données statistiques, la qualité des aliments, la fatigue, la tension et le surpoids. La mise aux normes des dangers liés à l'infection s'articule autour de la quarantaine des individus et des milieux contaminants, sous toutes ses formes —modèle dominant. À cette pratique de confinement s'ajoute graduellement la mise en place de centres d'inoculation et de vaccination, car l'idée de nombreux médecins et autorités du Siècle des Lumières suggère qu'il est possible d'agir de façon préventive sur une population donnée dont on cherche à garantir la bonne santé, donc la disponibilité et l'activité optimale Sur le plan personnel, se tenir à distance de l'infection consiste de plus en plus à mettre œuvre des pratiques prophylactiques fortement suggérées par les autorités : respirer des pommes d'ambre ou des éponges trempées de sauge et de genièvre ; ne pas fréquenter les lieux où se trouvent des gens infectés ; brûler les vêtements et les effets personnels de ceux qui sont morts de l'infection ; procéder à des épurements fréquents (saignées, transpiration, expectoration, vomissements), faire de l'exercice ; adopter un régime alimentaire sobre et frugal sans surcharge. La finalité de tout ce qui s'est mis en place au XVIIIe siècle pour contrôler la maladie consiste avant tout à prévenir le mal en mettant d'avant un ensemble de pratiques prophylactiques.

Avec le XIXe siècle, il ne s'agit plus seulement de prévenir activement le mal, car la finalité est de le maîtriser à la source. La mise en alarme des lieux et des comportements change totalement de registre où l'individu lui-même, dans sa propre condition, est mis en alarme ; il est signe alarmant. La mise à distance des dangers est désormais à l'aune d'un corps énergique, robuste, fort et vigoureux à travers des pratiques prophylactiques de plus en plus normées. À travers l'outil statistique, la mise aux normes des espaces, des comportements et des corps est ni plus ni moins qu'une véritable révolution. La société de la discipline évoquée par Michel Foucault se dessine, le biopouvoir s'élabore, qui s'exerce rationnellement sur la vie des corps et celle de la population. C'est aussi l'annonce de l'État protecteur, qui prendra en charge la vie, non plus des âmes, mais des hommes : le corps pour le discipliner, la population pour la contrôler.

Au XIXe siècle, en ce qui concerne la mise en alarme des lieux, des comportements et des corps, l'espace économique est devenu alarme. Non plus seulement l'espace urbain ou géographique comme au cours des siècles précédents, mais celui des pauvres et des infectés menaçant les autres. Le pauvre est alarme, sa condition est alarme, le choléra est une maladie du pauvre pouvant atteindre le nanti, ce que la statistique confirme : « peu de jours s'étaient écoulés, et déjà le mal était monté jusqu'aux riches[239] », « de sorte que le malheur des cholériques fournis par la pauvreté s'aggrava de tous les secours et de tout le temps qu'elle dérobait à leurs souffrances réelles des symptômes imaginaires les hallucinations de l'opulence troublée[240]. »

L'outil statistique est aussi devenu une mise en alarme. Il n'est plus seulement mesures et chiffres, mais outil de gestion politique et sanitaire. Il permettra de redéfinir les territoires de l'hygiène publique en travaillant sur les rebuts de la société pour mieux en maîtriser les dangers : « rebuts physiques (immondices, égouts, chantiers d'équarrissage), mais aussi rebuts moraux (débardeurs, égoutiers, chiffonniers, prostituées)[241]. » La maladie surgirait donc de milieux affaiblis où règne une misère qui propagerait l'infection en affaiblissant les corps.

La dégénérescence est également devenue mise en alarme. L'individu doit s'inquiéter de son état, éviter la dégénérescence, éviter de sombrer dans l'alcoolisme, éviter d'être en surpoids, éviter le surmenage et les tensions, toutes conditions qui conduiraient à la dégénérescence. L'individu est définitivement signe alarmant. Concrètement, la mise aux normes des espaces, des comportements et des corps passe désormais par la révolution pastorienne. Avec un espace sanitaire totalement reconfiguré par l'arrivée de techniques révolutionnaires pour l'époque — ventilation active, adduction d'eau, tout-à-l'égout —, c'est toute une question d'hygiène publique qui peut définitivement prendre forme. La plomberie de l'eau fait son entrée dans les demeures. L'invention du siphon, ce coude sous les cuvettes, empêche reflux et émanations, interrompant toute communication avec les matières dangereuses en isolant le corps. C'est aussi la naissance de la salle de bains isolée qui allie deux ambitions : la propreté et la morale où mœurs et microbiologie se confondent dans une

---

239 *Idem.*

240 *Idem.*, p. 207.

241 Lecuyer, B.P. (1986), « L'hygiène en France avant Pasteur, 1750-1850 », C. Salomon-Bayet (ed.), *Pasteur et la révolution pastorienne*, Paris : Fayot, p. 125.

technique sanitaire en intervenant sur les déjections corporelles et les promiscuités.

En ce qui concerne la mise à distance des dangers, la « surveillance de soi » est le maître mot. Elle est une condition de la surveillance de tous. Malgré tout, malgré tous les programmes et techniques sanitaires mis en place, trois inquiétudes surgissent : (i) ethnique (la dégénérescence de la race) ; (ii) culturelle (le thème dégénératif impose le recours à une force surplombant les individus, celle qui dicte les normes et les devoirs) ; (iii) fléaux provenant de l'individu (alcoolisme, prostitution, hérédités diffuses, surpoids, pratiques de vie). Alors qu'au cours des siècles passés la mise à distance des dangers se résumait à se prémunir du mal par certaines actions, la mise à distance des dangers du XIXe siècle est une affaire de prévention de soi dans les pratiques quotidiennes : régime alimentaire ; exercice ; hygiène personnelle ; entretien des lieux. Le registre des dangers hygiéniques est ainsi renouvelé. La finalité de tout ce qui s'est mis en place au XIXe siècle pour contrôler la maladie consiste avant tout à maîtriser le mal à la source.

Au XXe siècle, il ne s'agit plus seulement de maîtriser le mal à la source, car la finalité est d'éradiquer le mal. Vaccination, antibiotiques, chirurgie cardiaque, neurochirurgie, imagerie médicale ont non seulement fait reculer les frontières du corps, mais l'ont également inscrit dans une nouvelle dynamique sociale. La mise en alarme des lieux et des comportements s'effectue désormais à deux niveaux : macro et micro. Niveau macro, en 1962, le livre *Silent Spring*[242] de Rachel Carson signe l'acte de naissance du mouvement écologiste en mettant en lumière les problèmes liés à l'utilisation massive des pesticides. Le danger extérieur n'est plus seulement de l'ordre des maladies infectieuses, mais de transformations parfois drastiques imposées par l'homme à l'environnement avec effet en retour. Niveau micro, au cœur même du corps, les avancées scientifiques ont largement

[242] Carson, R. (1962), *Silent Spring*, Boston: Houghton Mifflin.

élargi le spectre des dangers potentiels : génétique, régime alimentaire et mode de vie ont redessiné les frontières de la maladie. La prévention de soi s'impose. Il ne s'agit plus seulement, comme au XIXe siècle, de dégénérescence collective, mais de dégénérescence avant tout individuelle. L'alarme est dans l'aliment, le manque d'exercice, un mode de vie malsain et certaines conditions de travail.

La mise aux normes des espaces, des comportements et des corps prend une tout autre tournure, car le sida ébranle le dogme pasteurien voulant qu'être porteur d'anticorps prévienne l'infection : entre « 1984 et 1986 on est passé progressivement de la notion de séropositivité signifiant protection et défense, à celle signifiant que le porteur de virus n'a aucune protection[243]. » Ce changement dans le savoir scientifique et médical n'est ni banal ni trivial, car le sida, au-delà du risque qu'il représente, est aussi mise en scène alarmée du déclin de l'espèce pour mieux le conjurer. Le déploiement scientifique pour contrer le sida est non seulement sans précédent, mais démontre comment les défenses proposées révèlent à quel point la surveillance de soi doit être constante, à quel point il appartient à une autre culture, celle des homosexuels. Ici, pas de *sidatorium* comme le sanatorium du XIXe siècle isolant le malade infecté par la tuberculose, car « l'institution sanitaire contre le sida n'a nul besoin d'un établissement spécifique pour légitimer son intervention : son efficacité se situe ailleurs, à l'interface des gestions médicale et politique de l'infection[244]. » Ce qui importe, ce n'est pas le retranchement des personnes infectées, mais la responsabilisation personnelle face à des pratiques sexuelles intimes ; le modèle de la syphilis du XIXe siècle, cantonné aux prostituées, est désormais caduc, car la défense contre le sida est avant tout affaire d'attitude personnelle et de surveillance de soi.

---

243 Bernard, J. (1996), *op. cit.*

244 Fabre, G. (1996), *op. cit.*, p. 102.

Au XXe siècle, la mise aux normes s'effectue en trois temps : responsabiliser, éduquer, protéger. L'éducation fonde les pratiques préventives, d'où les multiples campagnes de santé publique commanditées par l'État qui, dépouillées de tout jugement moral, tentent de ramener le débat sur le terrain d'un danger collectif immédiat. Des maladies sexuellement transmissibles, en passant par le port de la ceinture de sécurité, le régime alimentaire, la remise en forme, les tests de dépistage, jusqu'à l'alcool au volant, c'est définitivement de responsabilisation personnelle dont il s'agit. L'individu est dorénavant convié à adopter un mode de vie sain, comme si l'addition de toutes les pratiques individuelles de prévention de soi conduisait à une protection collective. Ici, une dynamique qui se met graduellement en place, qui convie l'individu à l'autonomisation, préfigurant déjà l'individu du XXIe siècle, celui qui consomme la santé, autonome, architecte de sa vie et seul maître de son destin.

En ce qui concerne la mise à distance des dangers, au niveau macro, l'individu est convié à protéger l'environnement en recyclant et en adoptant des pratiques peu polluantes, d'où l'idée d'agir localement et de penser globalement, en somme, d'être conscient des conséquences globales de ses actes. La mise à distance des dangers n'est plus seulement de l'ordre physique, mais également de l'ordre psychologique ; il faut être conscient. Au niveau micro, pour la première fois, une nouvelle approche de mise à distance des dangers émerge : la pensée positive. L'arrivée sur la scène sociale des coachs de vie au milieu des années 1980 ne peut se comprendre que dans cette logique. Le rôle de ces nouveaux thérapeutes consistera à persuader, inspirer, manipuler, cajoler et intimider afin d'amener l'individu à se réaliser. C'est l'industrie milliardaire de la croissance personnelle. C'est l'injonction à être positif en trouvant les ressources en soi. C'est proclamer le triomphe de l'attitude sur les adversités de ce monde. Autrement dit, par sa seule attitude positive un individu serait en mesure de renverser l'adversité des circonstances, il procéderait à une mise à distance de dangers dont il n'aurait jamais même entendu parler. La finalité de tout ce qui s'est mis en place au XXe siècle pour contrôler la maladie n'est plus uniquement de l'ordre de maîtriser le mal à la source, mais aussi de l'éradiquer par tous les moyens possibles.

Au XXIe siècle, il ne s'agit plus seulement d'éradiquer le mal, car la finalité est de transcender le mal. Il y aurait désormais, chez l'être humain, une profonde aversion envers sa propre finitude. Des processus biologiques dégénérescents identifiés, il n'y a qu'un pas à franchir pour vouloir les contourner ou les empêcher de s'exprimer. Le transhumanisme n'est pas étranger à cette finalité, mais il n'en est pas pour autant le moteur ; il en est que le prolongement, une suite logique d'une prévention de soi amorcée au XIXe siècle. Ce que la seconde décennie du XXIe siècle propose, c'est un individu autonome en matière de santé, un moyen collectif de gérer la maladie. Autrement dit, la mise en alarme des espaces et des comportements travaille désormais sur deux plans, macro et micro. Au plan macro, d'une part, la mise en alarme des espaces est dorénavant à l'aune du réchauffement climatique qui a subsumé toutes les autres préoccupations environnementales. D'autre part, la mise en alarme des comportements, sous le chapeau du réchauffement climatique, s'adresse aux institutions politiques, aux entreprises privées et aux individus visant à un changement pressant des attitudes et habitudes de production et de consommation.

Au plan micro, l'alarme est dans le mode de vie mis en pratique par l'individu et par ce qu'il porte ou non en lui pouvant porter atteinte à son intégrité physique. La mise à distance des dangers s'incarne donc dans la surveillance et la prévention de soi. Le dépistage, la saine nutrition et les pratiques sportives sont les passages obligés pour mettre à distance les dangers. Les campagnes de santé publique rappellent constamment à l'individu cette mise à distance, tout comme la fiche nutritionnelle inscrite sur les emballages des aliments normalise cette mise à distance des dangers en matière d'alimentation. Souscrire à l'utilisation de technologies médicales personnelles (tensiomètre, cardiomètre, mesure de la glycémie, etc.) suppose que l'individu est conscientisé à la prévention de soi. La mise à distance des dangers est avant tout une purification de soi et de son environnement immédiat, l'idée étant que les agissements normalisés de l'un profitent au collectif.

La mise aux normes des espaces, des comportements et des corps a changé de registre : c'est l'aboutissement d'une logique de la prévention de soi amorcée au XIXe siècle, mais qui est aussi rupture. Aboutissement, dans le sens où la pratique individuelle de prévention de soi est plus que jamais à l'ordre du jour. Rupture, dans le sens où l'État n'a plus le rôle disciplinaire du XIXe siècle, ni tout à fait le rôle protecteur du XXe siècle, d'où un présupposé important : l'addition de toutes les pratiques individuelles de prévention de soi conduirait à une protection collective généralisée nonobstant toutes autres considérations de nature sociale. Ce changement de paradigme est majeur, car la santé est désormais quasi totalement du ressort de l'individu. Cette prévention se traduit donc dans la mise en pratique d'un mode de vie sain, lequel est adossé à trois piliers : dépistage, nutrition et fitness. La finalité de tout ce qui s'est mis en place au XXIe siècle pour contrôler la maladie est bien celle de transcender le mal, de le dépister, de le traquer dans le gène, de lui éviter de s'exprimer et de se manifester.

Que faut-il tirer comme conclusions de cette démarche de contrôle social, de mise en alarme des lieux, des espaces, des comportements et des corps amorcée au Moyen-Âge en fonction du projet transhumaniste ? Tout d'abord, les transhumanistes prolongent tout simplement ce que nous faisons depuis le Moyen-Âge, c'est-à-dire la ferme volonté de prolonger l'espérance de vie, à la différence près, qu'ils le font à partir de technologies plus performantes que celles du passé. Autrement dit, rien de neuf sous le soleil, juste la vieille rengaine de surpasser la condition humaine, mais cette rengaine, avec les promesses faites par les biotechnologies, les nanotechnologies, la bioinformatique, l'intelligence artificielle, les neurotechnologies et les sciences cognitives, a littéralement pavé la voie à l'élaboration du mythe technoscientifique de la vie prolongée.

Ce à quoi nous assistons présentement, à travers le mythe de l'espérance de vie constamment prolongée, ce n'est pas tant à une quête d'immortalité qu'à une quête de perpétuité. Et les choses sont en passe de changer et la quête d'immortalité est sur le point de devenir un mythe rationnel de la quête de l'immortalité, car une minorité agissante, celle des ingénieurs de la vie, a décidé de se saisir du problème.

Le processus évolutif dans les mains des ingénieurs de la vie

« C'est la raison pour laquelle je continue à faire ce que je fais. Ça me donne de l'espoir. Les possibilités des technologies nanothérapeutiques sont illimitées et annoncent un avenir brillant[245]. » C'est en ces termes que la biochimiste Ann-Marie Broome de la Medical University of South Carolina s'exprime à propos de ses dernières découvertes, à savoir la mise au point de nanotransporteurs lipidiques capables de traverser la barrière hémato-encéphalique qui, gorgés d'une dose de témozolomide (TMZ), seraient en mesure de délivrer directement dans des cellules tumorales le traitement approprié. Et à ce jour, les essais *in vivo* en laboratoire sont plus que concluants et démontrent que le taux de destruction de cellules cancéreuses est relativement élevé. Et c'est ce qui a particulièrement interpellé la scientifique, car elle ne s'attendait pas à un résultat aussi efficace dès les premiers essais :

> « Je fus vraiment surprise de constater à quel point, une fois le nanotransporteur ayant atteint sa cible, que la méthode pouvait s'avérer efficace. Tellement surprise, que j'ai demandé par la suite à l'équipe de refaire les tests avec différentes lignées de cellules, avec des temps de traitements et des dosages

245 AzoNano (2016), *Lipid Nanocarriers Could Pave Way for Brain Cancer Treatment*, May 23, URL : http://www.azonano.com/news.aspx?newsID=34691.

différents, afin de s'assurer que tout fonctionnait réellement comme prévu[246]. »

La cible de ces essais est le glioblastome multiforme, la tumeur primitive du cerveau la plus fréquente et la plus agressive. Pourquoi cette cible en particulier ? Parce que les traitements conventionnels — chimiothérapie, radiothérapie, chirurgie — ont très peu d'effet — espérance de vie d'au plus 4 à 7 mois dans 40 % des cas —, et sont plutôt considérés comme des traitements palliatifs, d'où l'intérêt de disposer d'un traitement plus efficace, d'où l'intérêt d'explorer les possibilités qu'offrent les nanotechnologies. De plus, étant donné que le glioblastome multiforme, même une fois éradiqué, risque de réapparaître, le fait de disposer d'une procédure non invasive, à savoir une nanotechnologie qui permet de délivrer directement sur le site la médication appropriée, tombe sous le sens. En fait, le principal avantage des nanotransporteurs lipidiques, c'est que les cellules immunitaires ne peuvent les attaquer, car elles leur sont invisibles. Autrement dit, les nanotransporteurs lipidiques sont furtifs.

Une fois sur le site à traiter, les nanotechnologistes disposent de différentes méthodes pour en faire en sorte que les nanotransporteurs délivrent leur traitement. L'une des méthodes privilégiées est de profiter de la nature acide d'une tumeur en croissance. L'idée est la suivante : étant donné que le pH du sang est légèrement alcalin et que la structure d'un nanotransporteur n'est pas affectée par l'alcalinité, lorsque ce même nanotransporteur se retrouve dans le parage d'une tumeur cancéreuse qui, elle, est plus acide, la structure du nanotransporteur est dès lors fragilisée, ce qui permet par la suite de délivrer la charge thérapeutique de témozolomide. On comprendra donc que l'angle sous lequel la biochimiste Ann-Marie Broome propose les choses n'a pas de quoi soulever une quelconque opposition. D'ailleurs, qui serait contre le fait de mettre au point un tel type de traitement ? Et

[246] AzoNano (2016), *op. cit.*

c'est là où joue toute la « magie » des nanotechnologies : chacune d'elles, prise séparément, possède un tel potentiel, qu'elles occultent d'une certaine façon le portrait global de ce vers quoi nous conduisent précisément les nanotechnologies. Il est donc tout à fait pertinent de s'en préoccuper.

La biochimiste Ann-Marie Broome fait partie de ce que je nomme la *Guilde des ingénieurs de la vie*. Certes, cette guilde n'existe pas dans la réalité, tout comme les scientifiques de la stature et de la compétence d'Ann-Marie Broome ne s'inscrivent pas forcément dans le courant transhumaniste. Par contre, tous ces chercheurs contribuent à la mouvance transhumaniste. Cette métaphore de la *Guilde des ingénieurs de la vie* sert donc à regrouper sous un même concept l'ensemble de tous ces gens qui sont en train de procéder à une réingénierie de la vie, et cette guilde constitue une minorité agissante, c'est-à-dire un groupe de personnes qui a la capacité et les moyens d'infléchir de façon importante le cours des décisions qui seront prises en ce qui concerne notre avenir. Par exemple, il suffit de faire ne serait-ce qu'un bref retour dans l'histoire pour constater à quel point les minorités agissantes ont toujours été celles qui ont été à l'origine des grands bouleversements sociaux. Le philosophe Émile Cioran (1911-1995) ne soulignait-il pas qu'

> « on se méfie des finauds, des fripons, des farceurs ; pourtant on ne saurait leur imputer aucune des grandes convulsions de l'histoire ; ne croyant en rien, ils ne fouillent pas vos cœurs, ni vos arrière-pensées ; il vous abandonnent à votre nonchalance, à votre désespoir ou à votre inutilité ; l'humanité leur doit le peu de moments de prospérité qu'elle connut ; ce sont eux qui sauvent les peuples que les fanatiques torturent et que les idéalistes ruinent[247]. »

Voilà, justement, la *Guilde des ingénieurs de la vie* n'a pas l'intention de laisser qui que ce soit de son groupe abandonné à la nonchalance, au désespoir, ou à l'inutilité, bien au contraire.

[247] Cioran, E. (1949), *Précis de décomposition*, Paris : Gallimard, p. 10.

Elle a décidé de donner à l'humanité ces meilleurs moments de prospérité qui la sauveront peut-être de ces erreurs et de ces errances. Surtout, les membres de cette guilde n'ont strictement rien à voir avec les militants des *Avenirs radieux* du XXe siècle. Ici, pas question de politique, mais bien d'affairisme, rien d'autre que cette attitude qui consiste à tout assujettir à l'ordre marchand. Donc, sans idéologie politique à la carte, rien de plus simple et de plus facile que de faire passer comme une lettre à la poste l'idée qu'il est possible de vivre très longtemps en santé, tant sur le plan physique qu'intellectuel. Par exemple, Michel Foucault disait que le but du néolibéralisme consiste essentiellement à disposer des hommes et des choses, à gérer leurs relations de façon à les conduire à des objectifs acceptables pour tous en les convaincant du bien-fondé de ces objectifs plutôt que de les contraindre à adhérer à des normes et des valeurs sociales. À mon avis, les technologies actuellement en développement pour améliorer et augmenter le corps possèdent les mêmes caractéristiques que la philosophie néolibérale pour convaincre plutôt que contraindre, dans le sens où ces technologies opèrent par la construction d'un environnement qui fabrique un contrôle des individus par eux-mêmes. Autrement dit, qui ne souhaite pas prolonger sa vie où à éviter autant que faire se peut d'être malade en mettant en application ce que proposent les spécialistes de la santé ? Comment résister à cette proposition ? Comment y échapper ? Là est le pouvoir du projet transhumaniste, dans le sens où en renvoyant constamment l'individu à lui-même en lui fournissant de plus en plus de technologies qui peuvent augmenter son espérance de vie et de santé jusqu'à un âge avancé, tant sur le plan physique qu'intellectuel, l'individu devient ainsi un individu hautement maniable et éminemment gouvernable. Ici, nul besoin de contraindre, et à la limite, nul besoin de convaincre, car la technologie ou la technique convainc parce qu'elle promet.

Ce projet, c'est celui de la *Guilde des ingénieurs de la vie* financée par les grandes entreprises de la Silicon Valley. Le projet transhumaniste de la *Guilde des ingénieurs de la vie* est plus qu'une simple aventure scientifique pour transcender la condition humaine. C'est avant tout une façon d'être, de penser et d'entrevoir le monde. C'est aussi une façon de faire des affaires, de mener l'économie, de capitaliser. C'est la condition qui a présentement la cote et qui risque fort de l'avoir encore pour longtemps, car elle nous convie à une révolution permanente, celle de nous-mêmes, celle de faire de chacun de nous un humain augmenté. Ce n'est pas banal.

Ce serait un euphémisme de dire que la Silicon Valley est un incubateur d'entreprises de haute technologie, pour ne pas dire l'Eldorado de la culture techno. Tout, dans cet univers, est mis en place pour satisfaire le développement technologique, depuis les infrastructures, en passant par la culture, jusqu'à l'incontournable capital de risque. Aucun autre secteur de l'activité économique, depuis la Révolution industrielle, n'a réussi à créer une culture aussi forte autour de lui. Jamais l'acier, le chemin de fer, le complexe agroalimentaire, le pétrole, l'électricité, l'automobile ou la pâte dentifrice n'ont réussi à créer un investissement psychologique aussi fort que celui des technologies numériques et de l'information. Certes, l'acier, le chemin de fer et l'automobile ont modifié le paysage culturel, économique et politique de nos sociétés, mais personne, sauf quelques cas extrêmes, ne s'investit dans une relation globale et englobante avec un chemin de fer, une automobile ou un tube de pâte dentifrice. À l'inverse, les technologies numériques engagent des milliards de gens sur la planète, non plus seulement au quotidien, mais au niveau de la minute même de l'existence. Il ne s'agit plus seulement d'une variation de degré dans un seul et même registre de relation aux objets, mais bel et bien d'un changement de registre dans la relation aux objets. Le téléphone intelligent et l'ardoise électronique sont désormais les vecteurs par lesquels passe, s'exécute et se vit cette relation. Le changement est d'importance. Et ce changement, l'élite technologique y est forcément pour quelque chose.

Qui est, au juste, cette élite technologique ? En fait, elle a toujours plus ou moins existé sous la forme de techniciens, d'ingénieurs et d'inventeurs, depuis James Watt et sa machine à vapeur, depuis Thomas Edison et ses multiples inventions qui ont changé la face du monde. Mais plus précisément, c'est avec l'arrivée des technologies numériques et de l'information, avec IBM dans les années 1960, avec l'invention du microprocesseur dans les années 1970, et avec la montée de l'ordinateur personnel au début des années 1980, que la donne a changé et que cette élite technologique s'est progressivement installée. D'une part, Steve Jobs et Bill Gates, à eux seuls, en rendant accessible à tous le pouvoir du traitement de l'information avec l'ordinateur personnel, ont systématiquement renversé le rapport de la relation à l'objet et l'information. D'autre part, les sociétés Intel, Motorola et AMD, avec leurs microprocesseurs toujours de plus en plus performants, toujours de plus en plus puissants, ont accéléré une logique qui était déjà à l'œuvre depuis les débuts de la Révolution industrielle. La fibre optique — la possibilité de transporter de la lumière le long de fines fibres de verre —, au milieu des années 1980, a supporté le déploiement de cette révolution technologique, tout en n'oubliant pas que cette fibre optique est elle-même le fruit de la convergence de différentes technologies : fibroscope, laser, technologies du verre. Au milieu des années 1990, Internet s'est déployé à la vitesse grand V et a investi l'ensemble de l'activité économique.

C'est à la jonction et à la convergence de toutes ces technologies qu'informaticiens, techniciens, ingénieurs, inventeurs, biologistes, biochimistes, généticiens et investisseurs ont établi un nouveau pouvoir : celui des technologies numériques et de l'information. Non seulement ont-ils établi ce nouveau pouvoir, mais ils ont aussi établi une toute nouvelle élite, l'élite technologique, celle qui est en mesure de faire prévaloir les technologies comme solution aux problèmes de la société au détriment de toutes autres considérations humaines et sociales. La technologie serait vraisemblablement détentrice de cette capacité à réussir là où ont échoué les vieilles politiques, de cette capacité à faire miroiter un nouvel *Avenir radieux*. Cette nouvelle élite, formée de technologues milliardaires, qui remplace graduellement, mais sûrement, l'ancienne élite des milliardaires détenteurs des grandes industries traditionnelles, est en passe de reconfigurer nos vies mêmes. Elle a déjà bien amorcé le processus.

Cette élite technologique est à la croisée des chemins, car elle a très bien compris qu'il faut disposer d'un nouveau plan d'affaires : (i) il ne s'agit plus d'avoir des acheteurs, il faut avoir des utilisateurs ; (ii) il ne sert à rien de produire la matière première, c'est-à-dire l'information, ce sont les utilisateurs qui le feront. Concrètement, Google, Facebook et Twitter n'ont pas besoin de produire de l'information, car elles utilisent celle que les utilisateurs produisent gratuitement. C'est l'achèvement du capitalisme. Travailler sans le savoir, et enrichir, dans la foulée, sans le savoir, la minorité agissante. Le modèle rêvé de tous les capitalistes patentés depuis Adam Smith. Le cauchemar de Karl Marx.

Cette élite technologique est également à la croisée d'autres chemins, car elle se croit réellement investie d'une mission, tout comme l'était en son temps Andrew Carnegie, l'homme le plus riche de son époque, de faire de notre monde un monde meilleur. Les chevaliers du capitalisme et les grands capitaines de l'industrie, au début du XXe siècle, engagés dans un constant processus de concurrence et de compétition, avaient pour idée que leur démarche était non seulement bénéfique, mais qu'elle était essentielle au progrès futur de la race. Armé d'une telle conviction, difficile d'imaginer que Carnegie ne croyait pas à ce qu'il disait. Les chevaliers de l'industrie des hautes technologies ne sont pas pour autant en reste dans leur affirmation de vouloir contribuer au progrès futur de la race — c'est la façon de le dire qui a changé. Google ne dit-il pas « *Don't be evil* » ? Google ne dit-il pas vouloir organiser la connaissance du monde ? Larry Page, le cofondateur de Google, ne dit-il pas que l'une des plus grandes réalisations de son entreprise est d'être parvenue à sauver des vies et d'avoir soulagé les pires angoisses existentielles des Internautes ? Ne suffit-il pas de taper quelques mots clés sur son moteur de recherche pour savoir de quoi il retourne face à tel ou tel cancer ? La *Google Car*, voiture sans conducteur, entièrement mue par une intelligence artificielle, selon Larry Page, sauvera plus de vies sur les routes que ne sauraient le faire toutes les campagnes de prévention et de sécurité publique. Les affirmations sont fortes, à la limite délirante, mais elles sont pourtant perçues comme la ferme volonté de vouloir rendre le monde meilleur. Eric Schmidt, l'ex-PDG de Google, pour sa part, pense que cette « préoccupation sociale a avant tout à voir avec la culture même de la Silicon Valley, avec sa culture égalitaire et libérale » si chère aux grandes universités américaines de la Côte Ouest. N'est-ce pas à Berkeley et à San Francisco qu'est née la contre-culture hippie des années 1960 ? Eric Schmidt est persuadé que la majorité des gens qui désirent travailler chez Google ne sont pas seulement motivés par le désir de devenir riches, mais aussi, et sinon plus par celui de contribuer à changer le monde et à le rendre meilleur.

Aussi paradoxale que la chose puisse paraître, aussi élitiste que soit cette élite technologique, il faut poser un constat : elle est composée d'individus qui sont des forcenés de l'égalité sociale. Je m'explique. Cette élite technologique a compris depuis bien longtemps que tout ce qu'elle développe finit inévitablement par percoler dans toutes les couches de la société par le simple fait que chaque itération d'une technologie en abaisse drastiquement les coûts de production, la rendant ainsi accessible à tous. Aussi incongru qu'il soit possible de faire une telle affirmation, les technologies numériques démocratisent leur propre utilisation, parviennent à mettre tous les gens sur un même pied d'égalité.

Comment est-il possible d'arriver à un tel résultat ? La réponse à cette question est à la fois simple et complexe. Ce qui différencie la portée et l'acceptation des technologies des grands idéaux sociaux, c'est qu'elles n'ont strictement rien à voir avec la politique. Même plus, les technologies sont apatrides. Le pouvoir technologique, s'il existe, n'a pas d'endroit où loger. Comme le soulignait si bien Adam Smith en 1776 dans son célèbre ouvrage *Recherches sur la nature et les causes de la richesse des nations* : « Le propriétaire de terre est nécessairement citoyen du pays où est situé son bien. Le propriétaire de capital est proprement citoyen du monde, et il n'est attaché nécessairement à aucun pays en particulier[248]. » Plus qu'intéressante, cette réflexion annonçait déjà la nature même du capital, et à plus forte raison, celui détenu par l'élite technologique. Premièrement, le propriétaire d'une entreprise de haute technologie n'est souvent pas citoyen du pays où sont situés ses biens. Deuxièmement, la matière première dont a besoin le propriétaire d'une entreprise de haute technologie, l'information, est gratuitement produite par une vaste base d'utilisateurs disséminés partout sur la planète. Troisièmement, l'endroit où sont situés les bâtiments qui hébergent les serveurs qui traitent et stockent les données de l'entreprise doit répondre à quatre critères : (i) un pays où le système politique est stable ; (ii) un pays qui offre des avantages fiscaux aux entreprises de haute technologie ; (iii) un pays qui offre une alimentation électrique à bon marché ; (iv) un pays qui, malgré tout, sait fort bien que cette implantation créera peu d'emplois et peu de revenus sur son territoire.

Elle est là, en partie, la vraie révolution technologique, dans cette capacité à être apatride, à étendre sur toute la planète ses activités. Autrement dit, cette révolution technologique qui, à elle seule, a su créer un tout nouveau secteur économique extrêmement rentable, qui ne possède pratiquement aucune infrastructure industrielle, qui n'importe et n'exporte rien, sauf de l'information qui transite d'un serveur à l'autre, a mené à son extrême l'idée d'Adam Smith, à savoir que le propriétaire d'une entreprise de haute technologie et son capital ne sont attachés

---

[248] Smith, A. ([1776] 1805), *Recherches sur la nature et les causes de la richesse des nations*, trad. Germain Garnier, Paris : H. Agasse, p. 327.

nécessairement à aucun pays, et qu'« il serait bientôt disposé à abandonner celui où il se verrait exposé à des recherches vexatoires qui auraient pour objet de taxer un impôt onéreux, et il ferait passer son capital dans quelque autre lieu où il pourrait mener ses affaires et jouir de sa fortune plus à son aise[249]. »

Le résultat de cette révolution technologique, comme Adam Smith l'avait si bien anticipé, est une élite qui pense globalement, essentiellement motivée par ses intérêts économiques. Paradoxalement, alors que les propriétaires de ces entreprises et leurs capitaux ont été mondialisés, les gouvernements et leurs populations, pour leur part, sont encore et toujours confinés aux limites géographiques de leurs frontières. Et cette dynamique nous permet de comprendre comment ces gens sont connectés ou liés au reste de la population, comment ils ont pu devenir cette élite technologique, quelles sont les institutions qui les représentent, quels sont les motifs qui les animent, quels sont les gens et les endroits qu'ils fréquentent.

Pour sa part, la mondialisation a non seulement remis en question l'économie, la finance et la consommation, mais a surtout remis en question comment nous nous y prenons pour que nos vies aient un sens. Nous sommes conviés à une toute nouvelle façon de voir le monde à travers celle du prisme des technologies et des entrepreneurs. Et dans toute cette histoire, l'acteur de premier plan, c'est nous. Nous devons apprendre un nouveau scénario pour réussir à vivre dans ce monde moderne, sans compter que nous devons constamment le réactualiser au rythme de l'instantanéité des médias sociaux. Pour tout dire, nous sommes devenus responsables de notre réussite ou de notre échec, c'est selon. La mondialisation nous a obligés à l'autonomie intégrale. Nous sommes non seulement devenus imputables de notre niveau de réussite économique, mais de tout ce qui se passe dans

---

249 *Idem.*

notre vie — c'est l'un des cadeaux que nous a offert la mondialisation qui aurait peut-être par ailleurs été impossible à réaliser sans l'apport des technologies numériques.

Au total, cette élite technologique « sait, de tout le savoir de sa conscience, combien l'homme est encore loin d'avoir épuisé les plus grandes possibilités, et combien de fois déjà le type d'homme s'est trouvé face à des décisions mystérieuses et des voies nouvelles[250]. » C'est une mission à laquelle cette élite technologique s'affaire avec sérieux et diligence. C'est une époque qui a besoin de cette élite technologique. La *Guilde des ingénieurs de la vie* en est son thuriféraire. Elle va enseigner à l'homme que l'avenir de l'homme est sa volonté, que l'avenir de l'homme passe forcément par les technologies numériques, que l'avenir de l'homme passe forcément par une augmentation et une amélioration de lui-même.

[250] Nietzsche, F. W., *Par-delà bien et mal*, § V.203.

La convergence transhumaniste

> Le mythe transhumaniste est non seulement celui du mythe de l'immortalité, mais aussi celui du *devenir plus* dont parlait Friedrich Nietzsche. Et aussi paradoxale que la chose puisse paraître, ce ne sont pas les visées mêmes du transhumanisme qui augmenteront les capacités physiques et intellectuelles de l'être humain, mais bien l'ensemble de toutes ces technologies disparates qui améliorent tout simplement les conditions de vie de chacun de façon incrémentale et progressive. Et dans ce processus, le mythe transhumaniste n'est que le ciment qui lie tous les discours à propos du futur de l'homme. Et il s'agit bien là du rôle d'un mythe, c'est-à-dire se raconter une histoire afin de créer du sens.

Les propositions transhumanistes relèvent essentiellement du mythe au sens où l'entend Claude Lévi-Strauss, à savoir une histoire que les gens se racontent à propos d'eux-mêmes et de la société dans laquelle ils vivent afin de comprendre la nature des rapports qu'ils entretiennent avec le monde extérieur et la position qu'ils occupent dans l'ensemble de l'univers[251].

Étant donné que le mythe est un discours où tous les éléments qui le constituent contribuent au message total, celui-ci a pour finalité de fournir une explication sur plusieurs registres et surtout de forger du sens. À ce titre, avec l'arrivée des biotechnologies, des avancées de la génétique, de la bioinformatique et de l'intelligence artificielle, nous semblons afficher une foi sans bornes en leur capacité à nous inscrire dans la durée, et ce, bien

---

[251] Lévi-Strauss, C. ([1958] 2010), Anthropologie structurale, Paris : Plon.

au-delà du centenaire. Conséquemment, non seulement tout un discours s'est-il installé à propos de la possibilité de vivre en santé jusqu'à un âge très avancé, tant sur le plan physique qu'intellectuel, mais nous avons surtout forgé des ensembles entièrement nouveaux de croyances qui tirent leur légitimation de leur propre pratique langagière. Ainsi, l'espérance de vie et de santé prolongée est-elle devenue une quête d'une presque immortalité.

Le tableau de la page suivante veut justement rendre compte de ce qui, historiquement parlant, constitue le mythe de l'immortalité que nous proposent les transhumanistes. Trois constantes concernant le corps traversent donc toutes les époques depuis la Renaissance : le corps de justes proportions avec le peintre Alberti ; le corps guérissable à volonté avec le médecin Vésale ; le corps façonnable à volonté avec l'éducateur Mercurialis. Dès le XVIIe siècle, ces trois constantes seront fédérées par deux grandes idéologies : les traités de civilités et le gouvernement de soi (gouvernance de soi et contenance de soi) issu de la Réforme protestante qui oblige que le corps soit contrôlé. De là, il y aura le passage du statut d'être un corps à celui d'avoir un corps dont l'individu est personnellement et collectivement responsable. Au milieu du XIXe siècle, des techniques efficaces — indice de masse corporelle, miroir, mode, balance — fourniront les outils qui manquaient jusque-là pour se quantifier : la quantification de soi permettra dès lors de soutenir efficacement tous les efforts liés au gouvernement de soi.

Depuis la fin du XIXe siècle, avec le tout-à-l'égout et l'adduction d'eau, depuis le début du XXe siècle avec l'arrivée des vaccins et des antibiotiques, l'espérance de vie s'est particulièrement allongée, ce qui a permis à l'individu de se projeter dans un avenir au-delà de 40 ans. Au milieu du XXe siècle, avec l'arrivée des essais cliniques en double aveugle menés à grande échelle et les tests de dépistage de toutes sortes, l'horizon de la peur par rapport à notre propre finitude s'est de plus en plus rapproché. Conséquemment, l'individu a commencé à penser que la science médicale, avec ses spectaculaires avancées, pourrait peut-être lui permettre de vivre longtemps en santé, tant sur le plan physique qu'intellectuel. Cette espérance ne viendra pas, comme l'individu l'espérait, de la science médicale en tant que telle, mais bel et bien de toutes nouvelles disciplines comme les biotechnologies, les nanotechnologies, les neurotechnologies, les sciences cognitives et l'intelligence artificielle.

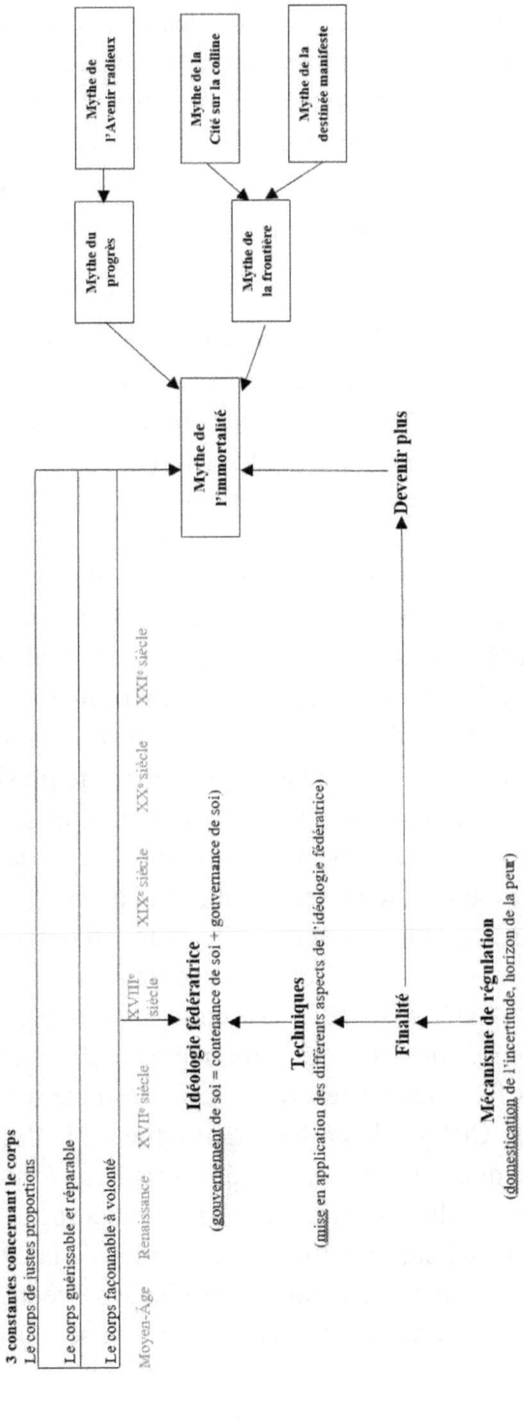
3 constantes concernant le corps
Le corps de justes proportions
Le corps guérissable et réparable
Le corps façonnable à volonté
Moyen-Âge
Renaissance
XVIIe siècle
XVIIIe siècle
XIXe siècle
XXe siècle
XXIe siècle
Mythe de l'immortalité
Mythe du progrès
Mythe de l'Avenir radieux
Mythe de la frontière
Mythe de la Cité sur la colline
Mythe de la destinée manifeste
Idéologie fédératrice
(gouvernement de soi = contenance de soi + gouvernance de soi)
Techniques
(mise en application des différents aspects de l'idéologie fédératrice)
Finalité
Devenir plus
Mécanisme de régulation
(domestication de l'incertitude, horizon de la peur)

Depuis les débuts de la seconde décennie du XXIe siècle, le destin du corps est désormais entre les mains des ingénieurs de la vie. Ceux-ci lui promettent définitivement une espérance de vie et de santé pouvant franchir les 150 ans. Non seulement promettent-ils cette espérance de vie et de santé, mais ils promettent également à l'individu de *devenir plus*.

Devenir plus

Ce *devenir plus* est l'aboutissement de ce qui a été amorcé à la Renaissance. Non pas que ce *devenir plus* était inévitable, car c'est ce que le fil de l'histoire peut laisser croire, mais il a été contingent de toutes les découvertes et recherches qui ont été antérieurement menées et de tous les événements à caractère social qui les ont façonnés. Ce *devenir plus* a fini par se constituer en mythe, celui de l'immortalité, un mythe technoscientifique qui fait appel autant à des faits scientifiques avérés, vérifiés et corroborés qu'à d'anciens noyaux mythiques. Ces noyaux mythiques sont de deux ordres : le mythe du progrès et le mythe de la frontière. Mythe du progrès, dans le sens où le progrès a bel et bien montré qu'il avait réussi à améliorer de plusieurs degrés la condition humaine, ce qui mène à penser qu'un Avenir radieux (le mythe) se dessine pour l'homme. Mythe de la frontière, dans le sens où le courant transhumaniste est né aux États-Unis, dans ce pays où la frontière est une limite qui doit constamment être franchie — après la frontière géographique de la conquête du territoire américain, voilà la frontière du corps. Et ce mythe de la frontière, pour sa part, est alimenté par deux autres mythes américains fondateurs : le mythe de la destinée manifeste et le mythe de la Cité sur la colline. Le mythe de la destinée manifeste, parce que la *Guilde des ingénieurs de la vie* s'est donné la mission de prendre en mains la destinée du corps de chacun. Le mythe de la Cité sur la colline — cette idée de la citée Lumière du monde — parce que le transhumanisme se veut ce phare qui brille dans la nuit du corps pour le libérer de ses atavismes.

Partant des constats posés au cours des chapitres précédents, force est de constater que le projet transhumaniste est inévitable. Il est fort possible, et même hautement probable, que plusieurs des promesses aujourd'hui faites par les transhumanistes ne se réaliseront pas. Cependant, une chose est certaine, la condition humaine, elle, sera transformée, sans pour autant faire appel au discours du projet transhumaniste. Cette transformation sera incrémentale, apportant chaque fois une plus-value à la condition humaine.

Elle est là la tendance profonde, dans cette inévitable amélioration incrémentale de la condition humaine par technologies interposées, qui s'articule autour de l'accélération technologique, de la convergence technologique, de l'augmentation de l'espérance de vie et du transfert du processus évolutif depuis la nature vers les ingénieurs de la vie.

Les Ray Kurzweil et Aubrey de Grey de ce monde auront un rôle essentiel à jouer dans cette amélioration de la condition humaine, à savoir, alimenter le mythe de la vie prolongée. Que ce qu'ils prévoient comme prouesses technologiques se concrétise ou non a peu d'importance. Ce qui a de l'importance, c'est que leur démarche raconte un récit décrivant comment un humain peut modifier sa nature afin de transcender sa propre condition. Et ce récit a déjà commencé avec celui de la saine alimentation, comme je l'ai démontré dans mon livre intitulé *La saine alimentation, un mythe porteur et efficace.*

Pour que ce récit à propos d'une vie prolongée atteigne son but, il doit se constituer en mythe rationnel et faire appel à la prédiction, l'adhésion et l'aveuglement sélectif (autovérification, suppression de la vérification, automythification, occultation), ce qu'il a déjà réussi à faire. De plus, je pense être parvenu à faire la claire démonstration que cette grille d'analyse, celle du mythe technoscientifique, fonctionne réellement, parce qu'elle est reproductible et qu'elle s'applique à une majorité de situations concernant les discours à propos du corps.

Le transhumanisme est donc non seulement un mythe technoscientifique, mais aussi un puissant concept, car il nous invite tout particulièrement à revisiter nos propres conceptions héritées de l'Antiquité. Comment devrions-nous vivre ? Comment devrions-nous affronter la mort ? Que signifie le fait d'être humain ? En quoi consiste au juste la conscience ? Quel est notre potentiel en tant qu'espèce ? La vie a-t-elle un sens, et si oui, quel est-il ? Quel est notre ultime destin en tant qu'espèce ? Peu importe ce que le futur nous réserve, poser ces questions à la lumière du transhumanisme permet d'envisager les choses sous un tout nouvel éclairage, car depuis l'Antiquité, les philosophes ont tous tenté de répondre à ces questions. Les grandes religions monothéistes, après la faste période du polythéisme, ont cru y répondre. Mais voilà, avec l'arrivée des technologies numériques et ce qu'elles impliquent comme transformations potentielles du corps et de la société, des questionnements tout à fait inédits surgissent. En disposant de moyens susceptibles de transcender nos propres limites biologiques, voire même d'augmenter notre activité cérébrale, les avancées constantes, et nous insistons tout particulièrement sur cet aspect de la constance, par des moyens chimiques, génétiques ou à l'aide de dispositifs technologiques quelconques — des prothèses numériques en quelque sorte —, nous pourrons d'ici quelques années, voire au plus une ou deux décennies, abolir plusieurs maladies et peut-être même retarder le processus du vieillissement.

En revanche, le projet transhumaniste est confronté à une autre technologie actuellement en plein développement accéléré, l'intelligence artificielle. Certains prédisent même que l'arrivée d'une superintelligence artificielle serait en mesure d'évincer l'humain, de le rendre en quelque sorte obsolète. À cette potentielle dérive, les transhumanistes répondent par une parade toute simple : maintenir le cerveau humain à jour, c'est-à-dire constamment augmenter ses capacités cérébrales afin d'être au pair avec la plus performante des intelligences artificielles du moment.

Il est ici pertinent de souligner que le modèle de Darwin avec son idée de l'espèce la mieux adaptée à son environnement refait surface. Si l'être humain a réussi à se placer tout au haut de la chaîne de l'évolution après avoir, au fil des millénaires, à sécuriser son environnement et maîtriser ses prédateurs, le voilà qu'il se retrouverait confronté à un tout nouveau prédateur sans commune mesure avec tout ce qu'elle a connu à ce jour : une intelligence artificielle créée par l'homme lui-même. Ce déplacement sémantique n'est pas innocent, car il viendrait confirmer notre propension à l'autodestruction. Et c'est ici où les marchands de désespoir trouvent un terreau fertile pour leurs idées, quand les transhumanistes affirment que pour se maintenir au pair avec l'intelligence artificielle la plus évoluée du moment, il ne suffit plus d'utiliser des technologies qui augmentent les capacités cérébrales, mais bien de fusionner avec ces mêmes technologies.

Qu'en est-il exactement ? Pour le moment, difficile d'y répondre. Cependant, il s'agit là d'une piste à explorer et qui mériterait, à elle seule, un autre livre comme celui-ci.

Épilogue

Les chapitres précédents ont permis de mettre en lumière certains principes à l'œuvre derrière la mouvance transhumaniste : la rareté ; la compétition ; la reconfiguration du corps ; l'allongement de l'espérance de vie, l'extension de l'espérance de santé ; la fusion entre des technologies numériques et notre substrat biologique ; le transfert de notre conscience sur un support électronique ; la colonisation de l'espace, etc. Ce ne sont là que quelques aperçus de ce qu'espèrent vraiment ceux qui ont donné ses lettres de créance au transhumanisme. Lorsque Ray Kurzweil suggère que nous disposerons de plusieurs avatars, non pas virtuels, mais réels qui pourront accomplir certaines tâches pour nous, lorsque Hans Morovec, le célèbre roboticien, suggère que nous disposerons de dispositifs qui nous permettront d'accéder en une fraction de seconde à des contenus entiers de certains pans de la connaissance, lorsque le transhumaniste Simon Young, l'auteur du *Manifeste transhumaniste,*[252] envisage de nous transformer de façon à ne plus éliminer quoi que ce soit, c'est-à-dire transpirer, uriner, excréter, lorsque le sociologue et bioéthicien James Hughes suggère que nous utiliserons des implants qui surveilleront notre condition métabolique en temps réel et nous aviserons à propos de ce qui doit être fait pour améliorer ladite condition, il ne fait aucun doute dans la tête de ces gens que la condition humaine est une condition qui doit être dépassée.

Au-delà de ce que nous pourrions considérer comme des délires utopiques, le transhumanisme se fonde sur des prémisses beaucoup plus prosaïques et pragmatiques. Tout d'abord,

---

[252] Young, S. (2006), *Designer Evolution: A Transhumanist Manifesto*, New York : Prometheus Books.

comme nous l'avons vu tout au cours de cet essai, l'innovation technologique incrémentale est inévitable. Elle se fait en douceur pour le corps, améliore ceci ou cela, corrige tel ou tel problème, augmente telle ou telle capacité déjà déficiente, etc. En revanche, pour les transhumanistes, l'idée est d'utiliser la moindre nouvelle compréhension du fonctionnement du corps afin d'augmenter les capacités de celui-ci.

Deuxièmement, chacune de ces innovations incrémentales, prises séparément, ne porte nullement à la controverse, même plus, ne peuvent faire l'objet d'aucune critique en tant que tel, parce qu'elles contribuent à la santé de chacun d'entre nous. Il n'y a ici strictement aucune raison de faire appel au système de croyances transhumaniste pour que ces innovations surviennent, encore moins pour qu'elles aient ou non l'aval d'être développé. En fait, les technologies qui permettront de guérir certaines maladies ou celles qui permettront de « réparer » certaines fonctions biologiques déficientes ouvrent inévitablement la voie à l'amélioration et l'augmentation de l'être humain. Par exemple, les statines ont initialement été développées pour traiter les gens ayant soit des problèmes d'hypercholestérolémie, soit pour des gens ayant subi des infarctus, mais elles ont rapidement été détournées de leur fonction initiale pour en faire un médicament préventif pour tous ceux qui présenteraient un taux de mauvais cholestérol un peu plus élevé que la norme admise. Ainsi, il n'est pas aussi clair qu'il y paraît de tracer une ligne entre ce qui constitue un traitement ou une amélioration.

Troisièmement, nous ne sommes jamais tout à fait satisfaits de notre propre condition. C'est la raison pour laquelle nous n'hésitons pas à nous engager dans un programme de remise en forme, à adopter un mode de vie plus sain, à nous alimenter plus sainement, à consulter régulièrement notre médecin pour qu'il établisse notre bilan santé, etc. Toutes ces pratiques n'ont qu'une seule raison et qu'une seule finalité : constatant notre propre finitude (raison) nous voulons contrecarrer les plans que la nature a concoctés pour nous — mort et maladie — (finalité). Et c'est là où le discours transhumaniste s'infiltre et prend insidieusement racine, car qui ne veut pas mettre tout en œuvre pour éviter d'être confronté à sa propre finitude ? Et ce discours a tout d'un discours marketing, parce que les transhumanistes sont tout à fait sûrs que l'espérance de vie et de santé peut être largement augmentée.

Quatrièmement, la position transhumaniste considère que le vieillissement qui conduit à la dégénérescence et éventuellement à la mort est essentiellement un processus qui peut être renversé. En adoptant cette position, la mort n'est plus inéluctable et devient un simple problème d'ingénierie auquel il suffit d'appliquer une solution d'ingénieur. D'ailleurs, ne parle-t-on pas de génie génétique ?

Cinquièmement, le discours transhumaniste suggère qu'il est grand temps que nous prenions en main le cours de notre évolution. Comme le souligne par ailleurs Simon Young :

> « L'homme n'est pas né libre, puisqu'il est entièrement soumis à ses chaînes biologiques. Gens de tous horizons, unissez-vous. Vous n'avez rien à perdre, sauf vos chaînes biologiques ! Nous sommes présentement dans un moment charnière de l'histoire. Nous avons déchiffré le code génétique, nous avons traduit le Livre de la Vie. Nous posséderons bientôt la possibilité de devenir les designers de notre propre évolution. [...] Autant l'humanisme nous a-t-il libéré des chaînes de la superstition, autant le transhumanisme nous libérera de nos chaînes biologiques[253]. »

Cette position n'a rien de banal. Certes, elle peut sembler extrême, mais nous tenons à rappeler qu'elle est formulée par quelqu'un qui fait partie d'une minorité agissante, et comme nous l'avons vu, ce sont généralement, dans l'histoire, les minorités agissantes qui en infléchissent le cours. Il importe aussi de rappeler que l'histoire nous a montré que les prédictions futuristes à propos du développement technologique font souvent

[253] Young, S. (2006), *op. cit.*

fausse route. Toutefois, il n'en reste pas moins que cette minorité agissante, la *Guilde des ingénieurs de la vie*, ne souscrit pas forcément au discours transhumaniste, mais elle reste tout de même agissante et en train de configurer notre propre futur. Conséquemment, il faut donc se préoccuper des directions qu'elle entend donner à ce futur.

Sixièmement, pour plusieurs défenseurs de la position transhumaniste, être ou non augmenté, être ou non amélioré, est avant tout une question de choix personnel. À chacun sa propre aventure. Mais plus encore, tout individu qui s'opposera à l'augmentation indéfinie de l'espérance de vie et de santé — le futur luddite, le bioluddite — sera tout à fait libre de choisir la mort prématurée s'il le préfère. La mort prématurée sera-t-elle de l'ordre de 100, 150 ou 200 années ? À l'individu de choisir.

Septièmement, comme le souligne le sociologue français Alain Ehrenberg dans *La société du malaise*[254], le modèle social d'action auquel est désormais confronté l'individu est celui de l'individualisme à l'américaine, c'est-à-dire un individualisme organisé autour de l'auto-épanouissement personnel associé à la représentation d'une société méritocratique où « l'accent est mis sur l'autonomie, conçue à la fois comme liberté (de se diriger soi-même) et comme égalité (permettant aux individus de saisir des opportunités). » Il s'agit bien du gouvernement de soi (contenance de soi, gouvernance de soi, quantification de soi) installé avec la Réforme. Et cette façon de s'envisager comme individu a une importance déterminante dans ce qui constitue le discours transhumaniste.

Au risque de me répéter, les transhumanistes ont la ferme conviction que leurs idées et propositions représentent le progrès. Non pas le seul progrès technologique, mais le progrès de l'humanité tout entière qui réaliserait enfin son plein potentiel. Lors-

[254] Ehrenberg, A. (2012), *op. cit.*, p. 231.

que Condorcet parlait de progrès, il parlait aussi de progrès moral. Certes, de temps à autre, les transhumanistes affirment que le seul fait d'augmenter l'humain augmentera sa condition morale. À ce titre, il n'y a qu'à reconsidérer le discours de l'astrophysicien Carl Sagan à propos des civilisations extraterrestres pour se rendre compte qu'elles auraient évolué à un point tel, après avoir survécu à leur adolescence technologique, qu'elles seraient d'une sagesse incommensurable et pourvues d'une moralité à toute épreuve. Les transhumanistes sont calés dans cette logique.

Affirmer qu'il y aura progrès et mesurer l'évolution du progrès sont deux choses fort différentes, pourvu qu'on puisse seulement imaginer que le progrès puisse être mesuré. Et s'il fallait mesurer le progrès, en fonction de quels critères faudrait-il le faire ? Faut-il le mesurer à l'aune de notre ébahissement ou de notre désenchantement en fonction de l'état dans lequel il est présentement, ou bien faut-il le mesurer en fonction de ce qu'il pourrait être ? Faut-il mesurer le progrès en fonction de ce qui serait susceptible de déraper ? En ce sens, les écologistes ont déjà mis au point un outil, le *Principe de précaution*, qui leur permet non pas de mesurer si telle ou telle technique sera ou non dommageable, mais bien de mesurer quel laps de temps ils ont devant eux pour empêcher l'application de telle ou telle technique.

Le seul fait d'envisager la question du progrès sous cet angle nous oblige à adopter une démarche en trois temps. Premièrement, il suffit de dire à quel point nous sommes fiers d'avoir mis au point une quelconque technologie plus efficace que toutes les précédentes. Deuxièmement, il faut recenser ce que nous savons présentement à propos de cette nouvelle technologie et spéculer sur ce que nous ignorons totalement à propos de celle-ci. Troisièmement, il faut tenter d'anticiper les futures découvertes qui pourraient éventuellement découler de l'introduction de cette technologie, tout en mettant dans la balance ce qui pourrait ou non mal virer. Il y a peut-être là le début d'une mesure du progrès.

Peut-on arrêter le progrès, ou du moins en ralentir la cadence pour éviter que le pire ne se produise ? En fait, la question n'a aucun sens, pour la simple raison que, depuis le Siècle des Lumières, le progrès nous a montré là où il peut nous conduire : vers des conditions de vie de moins en moins contraignantes. Difficile de contester le fait que le niveau de vie, depuis le XVIIIe siècle, n'a cessé de s'améliorer. Autrement, comment ne pas laisser le progrès s'autogérer lui-même, car comment est-il possible d'affirmer que telle ou telle technologie ne nous sera pas éventuellement d'une quelconque utilité ? Et cette croyance dans la puissance du progrès a largement contribué à installer l'idée, et parfois même la croyance, que tout effort pour restreindre la recherche scientifique ou le développement technologique sur la base de questions strictement éthiques représenterait une menace pour le progrès. Pour certains, restreindre le progrès ou en ralentir sa cadence, c'est laisser la porte grande ouverte à d'autres nations qui elles, n'auront pas les mêmes scrupules, et s'appliqueront avec ardeur à accélérer leur propre progrès, laissant notre propre nation dans une situation désavantagée.

Ces deux constats méritent considération, parce qu'ils nous permettent de comprendre pourquoi la notion d'éthique en matière de science et de technologie devient une question qui permet à deux camps souvent opposés, sciences naturelles et sciences humaines, de se rencontrer et de discuter sans pour autant que les choses ne changent vraiment, sauf pour obtenir des subventions de recherche, sauf pour publier dans des revues spécialisées qui ne s'adressent qu'à un petit groupe d'initiés, sauf pour assister à des congrès qui traitent de « l'éthique de... ». D'ailleurs, l'arrivée du bioéthicien sur la scène, dans la foulée de la naissance, en juillet 1996, de la brebis clonée Dolly, est symptomatique de la montée des problèmes moraux posés par les manipulations génétiques et les biotechnologies.

Malgré tout, malgré toutes les discussions éthiques autour de l'acceptabilité ou non de tel ou tel projet de recherche, de telle ou telle technologie, il n'en reste pas moins que depuis le Siècle des Lumières nous avons collectivement passé un contrat social tacite avec la recherche et le développement : *la liberté en matière de recherche est le gage d'un mieux-être pour tous*. Et plus la recherche confirme, par ses réalisations et ses découvertes, que le mieux-être est effectivement au rendez-vous, moins nous sommes collectivement enclins à remettre en question ce contrat social. Certes, les écologistes, à travers leurs interventions, depuis 1960, ont réussi à infléchir certaines décisions politiques quant à l'utilisation de certains produits, techniques ou technologies, mais ils ne sont jamais parvenus à rendre caduc ce contrat qui existe entre la société et la recherche. Tout ce qu'ils ont réussi à faire, ce n'est même pas de ralentir la recherche et le développement, mais d'amener la recherche à trouver d'autres façons de faire.

Quelle conclusion faut-il tirer de cet essai ? Le progrès est un train lancé à toutes vapeurs et rien ne saura l'arrêter, et encore moins le progrès que nous concoctent les transhumanistes. L'immortalité frappera bientôt à nos portes. La question n'est pas de savoir quand, mais de savoir que la chose relève du domaine du possible, mais pas nécessairement — l'idée de contingence.

Bibliographie

Alberti, L. B. ([1435] 1868), *De la statue et de la peinture*, trad. Claudius Popelin, Paris : Levy Éditeur.

Allard, J. (2007), « Perceptions nouvelles du corps et raisons médicales de la mode dans le seconde moitié du XVIIIe siècle », *Représentations du corps sous l'Ancien Régime: discours et pratiques*, Textes rassemblés et édités par Isabelle Billaud et Marie-Catherine Laperrière, n° 2.

Anderson, K. M., Castelli, W. P., Levy, D. (1987), « Cholesterol and Mortality. 30 Years of Follow-up From the Framingham Study », *Journal of Medical American Association*, vol. 257, n° 16, p. 2176-2180.

Andrianantoandrol, E., Basul, S., Karig, D., Weiss, R. (2006), « Synthetic biology: new engineering rules for an emerging discipline », in *Molecular Systems Biology*, vol. 10.

Aron, J. P. (1961), *Biologie et alimentation au XVIIIe siècle et au début du XIXe siècle*, «Annales. Économies, Sociétés, Civilisations», 16e année, n° 5.

Aronowitz, R. A. (1999), *Les maladies ont-elles un sens ?*, coll. Empêcheurs de tourner en rond, Paris: Éditions Synthélabo.

Asplund, K. et als. (2009), « Relative Risks for Stroke by Age, Sex, and Population Based on Follow-Up of 18 European, Populations in the MORGAM Project », *Journal of the American Heart Asociation*, vol. 40, p. 2319-2326 [2323].

Association québécoise des technologies (2017), *Budget du Canada 2017-2018 : L'AQT présente les principales mesures qui toucheront les entreprises technos québécoises*.

Avenel, G. (1902), *Les mécanismes de la vie moderne*, tome 4, Paris.

AzoNano (2016), *Lipid Nanocarriers Could Pave Way for Brain Cancer Treatment*, May 23, URL : http://www.azonano.com/news.aspx?newsID=34691.

Bacon, F. (1799), Œuvres de François Bacon, trad. Antoine Lasalle, t. 4, Dijon : L. N. Frantin.

Baecque, A. de (2006), *Écrans. Le corps au cinéma*, « Histoire du corps. 3. Les mutations du regard. Le XXe siècle », sous la direction de Jean-Jacques Courtine, Paris : Seuil, coll. Points/Histoire.

Barley, M. J. (1982), *Those Glorious, Glamour Years, The Great Hollywood Costume Designs of the 1930's*, New York : Citadel Press.

Basten, S., Lutz, W., Scherbov. S. (2013), « Very long range global population scenarios to 2300 and the implications of sustained low fertility », *Demographic Research*, vol. 28, p. 1145-1166.

Bauer, R. A. (1966), *Social Indicators*, Cambridge : MIT Press.

Becker, K. (2009), « L'embonpoint du bourgeois gourmand dans la littérature du XIXe siècle », *Trop gros ? L'obésité et ses représentations*, sous la direction de Julia Csergo, Paris : Éditions Autrement.

Belloc, N., Breslow, L. (1972), *Relationship of Health Status and Health Practices*, «Preventive Medicine», vol. 11, August, p. 409-421.

Béraud, H. (1922), *Le martyre de l'obèse*, Paris : Kieffer.

Bercovtich, S. (1975), *The Puritan Origins of the American Self*, London : Yale University Press.

Berger, P., Luckmann, T. (1986), *La construction sociale de la réalité*, Paris : Klincksieck.

Bernal, J. D. ([1929] 1970), The World, the Flesh & the Devil – An Enquiry into the Future of the Three Enemies of the Rational Soul, New York : Jonathan Cape Ltd.

Bernal, J. D. (1937), « Dialectical Materialism and Modern Science », *Science and Society*, vol. 2, n° 1.

Bien, C. (2010), « Comment ne pas céder au plaisir de voir la souffrance, et de souffrir soi-même ? », *Corps sanglants, souffrants et macabres. La représentation de la violence faite au corps en Europe, XVIe et XVIIe siècles*, sous la direction de Charlotte Bouteille-Meister et Kjerstin Aukrust, Paris : Presses Sorbonne nouvelle.

Blanc, L. (1850), *Histoire de dix ans, 1830-1840*, t. 2, Lausanne : Pagnerre Éditeur.

Blendon, R. J., Benson, J. M. (2001), *Americans' Views on Health Policy: A Fifty-Year Historical Perspective*, «Health Affairs», March–April, p. 33-46.

Bloch, J. (1998), « Nature corrompue et santé corporelle : sexualité et éducation en France au XVIIIe siècle », *Sexualité, mariage et famille au XVIIIe siècle*, sous la direction d'Olga B. Cragg et de Rosena Davison, Québec : Presse de l'Université Laval.

Bockstrom, N., Savulescu, J. (2009), *Human Enhancement*, Oxford: Oxford University Press.

Boissier de Sauvages, F. (1771), *Nosologie méthodique dans laquelle les maladies sont rangées par classes, suivant le système de Sydenham et l'ordre des Botanistes*, tome 3, Paris : Hérissant.

Bouvrande, I. (2007), « Peindre le corps à la Renaissance : l'art de colorer chez Alberti », *Corps*, vol. 2, n° 3, p. 73-78.

Briffaut, E. (1845), « Une journée à l'école de natation », *Le diable à Paris. Paris et les parisiens*, Paris : Hetzel.

Brillat-Savarin, J.A. (1828), *Physiologie du goût, ou Méditations de gastronomie transcendante*, Paris : P.J. Voglet.

Broad, W. J. (1997), *He Lit Nuclear Fire; Now He Would Douse It*, New York Times, June 17.

Bryant, D. (1992), « William Blaikie and Physical Fitness in Late Nineteenth Century America », *Iron Game History*, July, vol. 2, n° 3, p. 3-6.

Bryson, A. (1990), *The rhetoric of status : gesture, demeanour and the image of the gentleman in sixteen and seventeenth century England*, «Renaissance Bodies : The Human Figure in English Culture c. 1540-1660», L. Gent and N. Lleewellyn, eds, London : Reaktion Books.

Buchan, G. (1783), *Médecine domestique; ou, Traité complet, des moyens de se conserver en santé, de guérir et de prévenir les maladies, par le régime et les remèdes simples*, tome 1, 3e éd., Paris : Froullé.

Burolleau, S.L. (1815), *Dissertation sur l'emploi diététique et médical du sucre*, Faculté de médecine, Paris.

Canguilhem, G. (1989), *Études d'histoire et de philosophie des sciences*, Paris : Vrin.

Cardinal, F. (2017 [9 avril]), *Futurs Prix Nobel : bienvenue au Canada !*, La Presse, URL: http://bit.ly/2uvpJaC.

Carlin, C. (2007), « Modernités de l'imaginaire nuptial : anatomies du mariage », *Religion, Ethics, and History in the French Long Seventeenth Century / La religion, la morale et l'histoire à l'âge classique*, William Brooks and Rainer Zaiser, Eds, Bern: Perter Lang, AG, International Academic Publishers.

Carson, R. (1962), *Silent Spring*, Boston: Houghton Mifflin.

CBS Detroit News (2011), *Nearly Half Of Detroiters Can't Read*, May 4, URL: http://detroit.cbslocal.com/2011/05/04/report-nearly-half-of-detroiters-cant-read/.

CBS Detroit News (2013), *Childhood Poverty High In Detroit, But Teen Pregnancy Down*, January 24, URL: http://detroit.cbslocal.com/2011/05/04/report-nearly-half-of-detroiters-cant-read/.

CCTV New (2013), *Eric Scorsone on Detroit's Economy*, URL: https://www.youtube.com/watch?v=i0wFyVjOk28.

Celan-Jones, R. (2014), *L'intelligence artificielle pourrait mettre fin à l'humanité*, Entrevue réalisée par la BBC avec Stephen Hawking, 3 décembre.

Charman, T. (1989), *The German home front 1939-1945*, London : Barrie & Jenkins.

Cioran, E. (1949), *Précis de décomposition*, Paris : Gallimard.

Condorcet (1798), *Esquisse d'un tableau historique des progrès de l'esprit humain*, 4e édition, Paris: Agasse.

Condorcet (1864), *Tableau historique des progrès de l'esprit humain*, tome 1, Paris: Dubuisson et Cie.

Courtine, J. J. (1993), *Les stakhanovistes du narcissisme — Bodybuilding et puritanisme ostentatoire dans la culture américaine du corps*, « Le gouvernement du corps », dirigé par Georges Vigarello, Paris : Seuil.

Couvay, L. ([1647], 1685), *L'Honneste Maitresse ou Le Pouvoir Legitime des Dames sur ceux qui les recherchent honnestement en Mariage*, Paris: Helie Josset, Préface.

Crawford, R. (1979), *Individual Responsibility and Health Politics in the 1970's*, «Health Care in AmericaX, eds. S. Reverby and D. Rosner, Philadelphia : Temple University Press, p. 247-268.

Crousaz, J. P. (1722), *Traité de l'éducation des enfants*, Paris : Vaillant et Prévost.

Cusset, F. (2004), *La leçon de la French Theory : Foucault, Derrida, Deleuze, et cie et les mutations de la vie intellectuelle aux États-Unis*, Paris: Éditions La Découverte.

Dagen, P. (2008), « L'œuvre obstinée de Mantegna », *Culture*, Le Monde, 30 septembre.

Danone, *Silhouette Grec, Le bonheur ça se nourrit* ; http://www.danone.ca/fr/produits/silhouette, consulté le 12 novembre 2013.

Darwin, C. (1872), *La descendance de l'homme et la sélection sexuelle*, vol. 1, Paris : C. Reinwald.

Darwin, C. (1880), *L'Origine des espèces au moyen de la sélection naturelle: ou, La lutte pour l'existence dans la nature*, trad. Edmond Barbier, Paris : C. Reinwald.

Davis, K. (1995), *Enforcing Normalcy : Disability, Deafness and the Body*, New York : Verso.

Davis, K. (1997), *The Disability Study Readers*, London : Routledge.

Dawber, T. R., Moore, F. E., Mann, G. V. (1957), « Coronary heart disease in the Framingham study », *American Journal of Public Health*, vol. 47, p. 4–24.

Dawber, T. R., Nickerson, R.J., Brand, F.N., Pool, J. (1982), « Eggs, serum cholesterol, and coronary heart disease », *The American Society for Clinical Nutrition*, vol. 36, n° 4, p. 617-625.

Dawkins, R. ([1976] 2003), *Le gène égoïste*, Paris : Odile Jacob.

de Voyer Argenson, R.L. (1862), *Journal et mémoires du Marquis d'Argenson*, tome 4, Paris : Société de l'histoire de France.

Delerue, F., Guérin, V., (2013), *Principes extropiens*, IATranshumanisme, URL: http://bit.ly/2g2b2qa.

Deliège, R. (2001), *Introduction à l'anthropologie structurale : Lévi-Strauss aujourd'hui*, coll. Points, Paris : Seuil.

Descartes, R. ([1641] 2000), *Méditations métaphysiques*, Paris : Flammarion.

Descartes, R. (1835), *Œuvres philosophiques de Descartes*, tome 1, textes annotés par Adolphe Garnier, Paris : Hachette.

Diderot, D., de Félice, F.B. (1772), *Encyclopédie ou Dictionnaire raisonné des sciences, des arts et des métiers*, 3e éd., tome 17, Yverdon.

Ding, T., Valeva, V. K., Salkona, A. R. et al. (2016), « Light-induced actuating nanotransducers », *Proceedings of the National Academy of Sciences*, vol. 113, n° 20, p. 5503-5507.

Doll, R., Hill, B. (1952), *Study of the Aetiology of Carcinoma of the Lung*, «British Medical Journal», vol. 2.

Drexler, E. K., Peterson, C. (1991), *Unbounding the Future: The Nanotechnology Revolution*, New York: Morrow.

Du Choul, G. ([1567] 1672), *Discours de la religion des anciens Romains ; de la castremation et discipline militaire d'iceux ; des bains et antiques excitations Grecques et Romaines*, Awesel : André de Hoogenuyse, Imprimeur de la ville.

Duch, W., Swaminathan, K., Meller, J. (2007), « Artificial Intelligence Approaches for Rational Drug Design and Discovery », *Current Pharmaceutical Design*, vol. 13, n° 14, May, p. 1497-1508.

Dumont, L., Vibert, S. (2004), *Holisme et modernité*, Paris, Éditions Michalon.

Dupré, R. (1999), "*If It's Yellow, It Must be Butter*": *Margarine Regulation in North America Since 1886*, «The Journal of Economic History», Cambridge : Cambridge University Press, vol. 59, n° 2, June, p. 353-371.

Durade, G. (1766), *Traité physiologique et chimique sur la nutrition*, Paris : Lottin et Hérissant.

Durkheim, E. (2008), *De la division du travail social*, Paris : Éditions V.

Dyannère, A. (1796), *Notice sur la vie et les ouvrages de Condorcet*, Leipzig : Pierre-Philippe Wolf.

Eco, U. (2008), *À reculons comme une écrevisse*, Paris : Grasset.

Ehrenberg, A. (2000), *La fatigue d'être soi*, Paris : Odile Jacob.

Ehrenberg, A. (2012), *La société du malaise*, Paris : Odile Jacob.

Ehrlich, P. R. (1968), *The Population Bomb*, New York: Ballantine Books.

Ehrlich, P. R., Holdren, J. P. (1971), *Global Ecology : Readings Towards a Rational Strategy for Man,* New York : Harcourt Brace Jovanovich.

Ellul, J. ([1954] 2008), *La Technique ou l'Enjeu du siècle*, 3e éd., Paris : Armand Colin.

Else, J. H. (1981), *The Day After Trinity: J. Robert Oppenheimer and The Atomic Bomb*, Image Entertainment.

Emerson, R.W. ([1841] 1993), *Self-Reliance and Other Essays*, Mineola, N.Y. : Dover Thrift Editions. (Notre traduction).

Esfiandary, F. (1989), *Are You a Transhuman ? Monitoring and Stimulating Your Personal Rate of Growth in a Rapidly Changing World*, New York : Warner Books.

FAO (1995), *Grands thèmes de l'alimentation et de l'agriculture mondiale au début des années 90*, Agriculture mondiale : horizon 2010, 1995.

Featherstone, M. (1991), « The body in consumer culture », *The Body : Social Process and Cultural Theory*, London : Sage.

Featherstone, M., Hepworth, M. (1991), « The mask of ageing and the postmodern life course », *The Body : Social Process and Cultural Theory*, London : Sage.

Fee, E., Brown, T. (2002), « John Harvey Kellogg, MD: Health Reformer and Antismoking Crusader », *The American Journal of Public Health*, vol. 92.

Fischler, C. (2001), *L'homnivore*, Paris : Odile Jacob.

Flandrin, J.L. (1983), *La diversité des goûts et des pratiques alimentaires en Europe du XVIe au XVIIIe siècle*, «Revue d'histoire moderne et contemporaine», vol. 30, n° 1, *Le Corps, le Geste et la Parole.*

Fleury, C. (1686), *Traité du Choix et de la Méthode des Études*, Paris.

Floud, R., Johnson, P. (2004), *The Cambridge Economic History of Modern Britain, vol. 1, Industrialisation, 1700-1760*, Cambridge : Cambridge University Press.

Folliard, E. T. (1925), *Sheen of the silver screen*, Washington Post, April 19, p. SO13.

Fonds Tissot de la Bibliothèque Cantonale et Universitaire (BCU) de Lausagne-Dorigny, coté IS 3784. Côte 1444, 4e chemise, que se trouvent les seize pièces concernant Jean-Baptiste Jacques Elie-de-Beaumont. [Source : Teysseire, D. (1995)].

Foucault, M. (1966), *Les mots et les choses*, Paris : Gallimard.

Fouque, A. (1990), *Femmes en mouvements : hier, aujourd'hui, demain*, « Le débat », n° 59, mars-avril.

Fox, R. (1977), *The Medicalization and Demedicalization of American Society*, «Doing Better and Feeling Worse», ed. J. Knowles, New York : W.W. Norton & Co., p. 9-22.

Framingham Heart Study, *Research Milestones*, http://www.framinghamheartstudy.org/about-fhs/research-milestones.php.

Franklin, S. S., Wong, N. D. (2013), « Hypertension and Cardiovascular Disease: Contributions of the Framingham Heart Study », *Global Heart*, vol. 8, n° 1, p. 49-57.

Fraser, P. (2015), *Les conditions d'émergence de la lutte contre l'obésité*, Thèse de doctorat soutenue le 17 novembre 2015 à l'Université Laval, URL : http://bit.ly/2uRuIT2.

Freschfield, D. W. (1989), *Horace-Bénédict de Saussure*, Genève : Slatkine.

Friedländer, M. (1815), *De l'éducation physique de l'homme*, Paris : Treuttel, p. viii-ix.

Fromme, W. (1948), « Offentlicher Gesundheitsdienst », *Hygiene. Part I. General hygiene*, Rodenwaldt E, ed., vol. 36, Wiesbaden : Dietrich'sche Verlagsbuch-handlung

Fukuda, K. (2010), *Déclaration du Dr Keiji Fukuda au nom de l'OMS à l'occasion de l'audition du Conseil de l'Europe sur la grippe pandémique H1N1*, http://bit.ly/USxeiS.

Gachet, E. (1840), « Lettre inédites de Pierre-Paul Rubens », trad. par René de Piles du fragment latin sur l'*Antique*, *Cours de peinture par principes*, in-12, 1766, Bruxelles : Hayez.

Gélis, J. (2005), « Le corps, l'Église et le sacré », *Histoire du corps. 1. De la Renaissance aux Lumières*, tome 1, coll. Points / Histoire, Paris : Seuil.

Giddens, A. (1991), *Modernity and Self Identity : Self and Society in the Late Modern Age*, Cambridge : Polity Press.

Giddens, A. (1992), *The Tranformation of Intimacy : Love, Sexuality and Eroticism in Modern Societies*, Cambridge : Polity Press.

Gillick, M. R. (1984), *Health Promotion, Jogging and the Pursuit of Moral Life*, «Journal of Health Politics», vol. 9, n° 3, Duke University : Department of Health Administration.

Gleyse, J. (1997), *L'Instrumentalisation du corps,* Paris : L'Harmattan.

Gleyse, J. (2007), *La fabrication du corps par l'exercice à l'Âge classique : discours, pratique ou transgression d'un interdit ?*, IUFM de Montpellier : Université de Montpellier II.

Gœdel, A. (1944), « Kriegspathologische Beitrage », *Kriegschirurgie*, vol 1, Zimmer A, ed., Vienna : Franz Deuticke.

Goffman, E. (1971), *The Presentation of Self in Everyday Life*, Harmondsworth : Penguin.

Goldstein, M. S. (1992), *The Health Movement: Promoting Fitness in Americ*a, New York: Twayne.

Gordon, T., Castelli, W. P., Hjortland, M. C., Kannel, W. B., Dawber, T. R. (1977), « High density lipoprotein as a protective factor against coronary heart disease. The Framingham study », American Journal of Medecine, vol. 62., p. 707–714.

Gori, R. Del Vogo, M.J. (2005), *La santé totalitaire — Essai sur la médicalisation de l'existence*, coll. Champs Essais, Paris : Flammarion.

Greenhouse S. W., Dorn, H. F. (1998), *Encyclopedia of Biostatistics*, Armitage P., Colton T., eds., New York : J. Wiley, 1998, p. 955-959.

Greenhouse, S. W. (1997), « Some reflections on the beginnings and development of statistics in "your father's NIH" », *Statistical Science*, vol. 12. p. 82-87.

Grossi, E., Massini, G., Buscema, M. et al (2005), « Two different Alzheimer diseases in men and women: Clues from advanced neural networks and artificial intelligence », *Gender Medicine*, vol. 2, n° 3, p. 106-117.

Gutsmuths, J. C. F. (1800), *Gymnastic for Youth: or a Practical Guide to Healthful and Amusing Exercices for the Use of Schools*, traduit de l'allemand par Christian Gotthilf Salzmann.

Haldane, J. B. S. (1924), *Daedalus : or Science and the Future*, New York : E. P. Dutton & co.

Haldane, J. B. S., Huxley, Harland, S. C. et als. (1939), « Social Biology and Population Improvement », *Nature*, vol. 144, p. 521-522.

Haraway, D. (1991), *Simians, Cyborg, and Women : The Reinvention of Nature*, London: Free Association Books.

Hefner, P. (2003), *Technology and Human Becoming*, Minneapolis : Fortress Press.

Hefner, P. (2009), « The Animal that Aspires to Be an Angel » : The Challenge of Transhumanism», *Dialog : Journal of Technology*, vol. 48, n° 2. P. 164-173.

Heller M. J. (2002), « The Nano-Bio Connection and its Implication for Human Performance », Roco and Bainbridge eds, in *WTEC : Converging Technologies for Improving Human Performance*.

Herman de Franceschi, S. (2012), *Comptes rendus, Dix-septième siècle*, vol. 2, n° 255, p. 371-378.

Herrick, J. B. (1912), « Clinical features of the coronary arteries », *Journal of the American Medical Association*, vol. 59, p. 2015-2020.

Hurtubise, P. (1980), « La table d'un cardinal de la Renaissance. Aspects de la cuisine et de l'hospitalité à Rome au milieu du XVe siècle », *Mélanges de l'École française de Rome. Moyen-Âge, Temps modernes*, t. 92, n° 1.

Huxley, J. (1957), *New Bottles for New Wine*, London : Chatto & Windus.

Informationsdienst des Hauptamtes fur Volksgesundheit der NSDAP, 1944, April-June, 60-1.

Jacobs, D., Blackburn, H. (1992), « Report of the Conference on Low Blood Cholesterol: Mortality Associations », *Circulation*, vol. 86, n° 3, p. 1046-1060.

Jacquin, A.P. (1762), *De la santé. Ouvrage utile à tout le monde*, Paris : Durand.

Jallabert, J. (1749), *Expériences sur l'électricité avec quelques conjectures sur la cause et les effets*, Paris : Durand et Pissot.

Jolibert, B. (1981), *L'enfance au XVIIe siècle*, Paris : Vrin.

Kannel, W. (1970), *Physical Exercise and Lethal Arteriosclerosis Disease*, «New gland Journal of Medicine», 14 May, p. 1153-1154.

Kannel, W. B. (2000), « Fifty years of Framingham Study contributions to understanding hypertension », *Journal of Human Hypertension*, vol. 14, n° 2, p. 83-90.

Kannel, W. B., Schwartz, M. J., McNamara, P. M. (1969), « Blood Pressure and Risk of Coronary Heart Disease: The Framingham Study », *Chest*, vol. 56, n° 1, p. 43-52.

Kannel, W., Gordon, T. (1968), *The Framingham Study*, Washington D.C. : U.S. Government Printing Office.

Kant, E. (1784), *Qu'est-ce que les Lumières ?*, Berlin : Berlinische Monatsschrift.

Kant, E. (1786), *Qu'est-ce que s'orienter dans la pensée ?*, « Mensuel Berlinois ».

Kant, E. (1797), *Le conflit des Facultés*, tome 3.

Kant, E. (1993), *Critique du jugement*, Paris : Vrin.

Kater, M. H. (1989), *Doctors under Hitler*, Chapel Hill: University of North Carolina Press.

Katsnelson, A. (2010), « DNA sequencing for the masses — The launch of a new technology marks a move towards small-scale sequencing in every lab », in *Nature News Online*.

Kayles, N. K. (1999), *How We Became Posthuman : Cybernetics, Litterature and Informatics*, Chicago : University of Chicago.

Kelly, K. (2010), *What Technology Wants*, New York : Penguin Books.

Keys, A. (1948), « Nutrition in relation to the aetiology and courses of diseases », *Journal of the American Dietetic Association*, vol. 24, p. 281-285.

Keys, A. (1953), « Atherosclerosis: a problem in newer public health », Journal of Mount Sinai Hospital, vol. 20, p. 118-139.

Keys, A. (1980), *Seven countries: a multivariate analysis of death and coronary heart disease*, London: Harvard University Press.

Kingsley, C. (1881), *Two Years Ago*, vol. 1, Edimbourgh : R.& R. Clarck.

Klaniczay, T. (1976), « Nationalisme à l'époque baroque », *Baroque*, vol. 8.

Klein, H. S. ([2004] 2012), *A Population History of the United States*, Second Edition, Cambridge : Cambridge University Press.

Kleine, M. (1941), *Vertrauensarzt*, vol. 9.

Kovanen, P. T. et als. (1981), « Saturation and suppression of hepatic lipoprotein receptors: a mechanism for the hypercholesterolemia of cholesterol-fed rabbits », *Proceedings of the National Academy of Sciences of the United States of America*, vol. 78 n° 3. p. 1396–1400.

Krumholz, H.M. et als. (1994), « Lack of Association Between Cholesterol and Coronary Heart Disease Mortality and Morbidity and All-Cause Mortality in Persons Older Than 70 Years », *Journal of Medical American Association*, vol. 272, n° 17, p. 1335-1340.

Kurzweil, R. (1999), *The Age of Spiritual Machines: When Computers Exceed Human Intelligence*, New York: Penguin Books.

Kurzweil, R. (2000), *The Age of Spiritual Machine*, New York : Penguin Books.

Kurzweil, R. (2005), *The Singularity is Near: When Humans Transcend Biology*, New York: Viking.

Kurzweil, R. (2016), *The Intelligent Universe*, John Brockman (ed.), Edge Magazine.

Kurzweil, R., Grossman, T. (2006), *Serons-nous immortels ? Oméga 3, nanotechnologie, clonage...*, Paris : Dunod, coll. Quai des Sciences.

L'obésité, Le Journal de la Beauté, 28 novembre 1897.

Labrecque, L. (2013), *Avec style, la référence pour tous vos secrets de styles* ; http://www.louiselabrecque.com/?page=mesurezvous, consulté le 12 novembre 2013.

Lagrange, F. (1890), *Physiologie des exercices du corps*, Paris : Félix Alcan Éditeur, 3e éd..

Laneyrie-Dragen, N. (2008), *L'invention du corps*, Paris : Flammarion.

Lasch, C. (1980), *The Culture of Narcissism*, New York : Abacus.

Lebleu, B. (2012), Grèce antique : le sport et la paideia, Encyclopédie de l'Agora.

Lecuyer, B. P. (1986), « L'hygiène en France avant Pasteur, 1750-1850 », C. Salomon-Bayet (ed.), *Pasteur et la révolution pastorienne*, Paris : Fayot.

Leichter, H. M., Brandt, A. M. (1997), *Lifestyle Correctness and the New Secular Morality*, «Morality and Health», New York: Routledge.

Lemire, M. (1997), *L'imaginaire des autoroutes de l'information : le discours des acteurs publics québécois et canadiens*, Mémoire présenté à la Faculté des études supérieures de l'Université Laval pour l'obtention du grade maître ès arts, Département de science politique, Faculté des Sciences sociales.

Leslie, J. A. (1996), The end of the world: the science and ethics of human extinction, Routledge, p. 1, p. 3.

Levin, M. L., Goldstein, H., Gerhardt, P. R. (1950), « Cancer and Tobacco Smoking: A Preliminary Report », *Journal of the American Medical Association*, vol. 143, n° 4, p. 336-338.

Lévi-Strauss, C. ([1955] 2009), *Tristes tropiques*, Paris : Plon.

Lévi-Strauss, C. ([1958] 2010), Anthropologie structurale, Paris : Plon.

Lévi-Strauss, C. (1991), *Entretien avec Claude Lévi-Strauss — Les sciences humaines, flatteuse imposture*, Le Monde, 8 octobre.

Lévi-Strauss, C. (1991), *Histoire de lynx*, Paris : Plon.

Levy, D., Brink, S. (2005), *A change of heart: how the Framingham heart study helped unravel the mysteries of cardiovascular disease*, 1st ed., New York : Knopf.

Liles, R. (1979), *To Jog or not to Jog: The Pains and the Pleasures*, Goodhouse Keeping, April.

Locke, J. ([1693] 1882), *Quelques pensées sur l'éducation*, trad. de Gabriel Compayré, Paris : Hachette.

Lombard, L. M. (1855), *Le cuisinier et le médecin*, Paris : Curmer.

Londe, C., (1821), « Medical Gymnastics ; or Exercise applied to the Organs of Man, according to the laws of Physiology, of Hygiene, and Therapeutics », *American Annals of Education*, vol. 1.

Lovelock, J. (2008), *La Revanche de Gaïa*, Paris : J'ai Lu, coll. *J'ai Lu Essai.*

Lucrèce, *De rerum natura*, I, 61-79.

Mackenbach, J. P. (2005), « Odol, Autobahne and a non-smoking Führer: Reflections on the innocence of public health », *International Journal of Epidemiology*, vol. 34, n° 3, p. 537-539 [538].

Maestruti, M. (2006), « La singularité technologique : un chemin vers le posthumain ? », in *Vivant — L'actualité des sciences et débats sur le vivant*, Paris : Université Paris X.

Malthus, T. R. ([1817] 1994), « Letter from Thomas Malthus to David Ricardo, 1817 », in John Cunningham (ed.), *Thomas Robert Malthus : Critical Assesments*, London : Routledge.

Mandrou, R. (1961), *Introduction à la France moderne*, Paris : Albin Michel, p. 30-31.

Marks, H. (1999), *La médecine des preuves. Histoire et anthropologie des essais cliniques de 1900 à 1990*, Le Plessis-Robinson : Institut Synthélabo.

Marks, H. M. (1997), *The Progress of Experiment : Science and Therapeutic Reform in the United States, 1900-1990*, Cambridge : Cambridge.

Martin, E. (1994), *Flexible Bodies*, Boston : Beacon Press.

Maslow, J. (1978), *Jogging Mania - Enough Already !*, Saturday Review, June 10.

Mason, A., Dunhill, P. (2008), « A brief definition of regenerative medicine », in *Future Medicine*, vol. 3, n° 1.

Melchior-Bonnet, S. (2011), « L'invention du reflet », *Art et techniques*, n° 1008, 15 janvier.

Mercier, L. S. (1781), *Tableau de Paris*, tome 1, Hambourg : Virchaux.

Mercurialis, H. ([1565] 1601), *De arte gymnastica*, 4e éd., Venise.

Merril, R. (2010), *Introduction to Epidemiology*, 5th ed., Sudbury, MA: Jones and Bartlett Publishers.

Merriman, J. (1978), *Exercise Prescription for Apparently Healthy Individuals and for Cardiac Patients*, «Exercise and the Heart», p. 81-92.

Miettinen, T. A., Kesäniemi, Y. A. (1989), « Cholesterol absorption: regulation of cholesterol synthesis and elimination and within-population variations of serum cholesterol levels », *The American Society for Clinical Nutrition*, vol. 49, n° 4, p. 629-635.

Mihailidis, A., Fernie, G. R., Barbenel, J. C. (2001), « The Use of Artificial Intelligence in the Design of an Intelligent Cognitive Orthosis for People with Dementia », *Assistive Technology: The Official Journal of RESNA*, vol. 13, n° 1, p. 23-39.

Miller, L. M., Monahan, J. (1957), *The Facts Behind Filter-Tip Cigarettes*, «Reader's Digest», July, p. 33-39.

Miller, L. M., Monahan, J. (1957), *Wanted — and Available — Filter-Tips that Really Filter*, August, p. 43-49.

Minsky, M. (1986), *The Society of Mind*, New York: Simon & Schuster.

Minsky, M. (2006), *The Emotion Machine: Commonsense Thinking, Artificial Intelligence, and the Future of the Human Mind*, New York: Simon & Schuster.

Moore, G. E. (1996), « Intel : Memories and the Microprocessor », *Daedalus*, vol. 125, n° 2. p. 55-80.

Morand, P. (1976), *L'allure Chanel*, Paris : Hermann.

Moravec, H. (1999), *Robot : Mere Machine to Transcendent Mind*, New York: Oxford University Press.

More, M. (2004), More, M. et als. (2013), « The Philosophy of Transhumanism », *Transhumanism Reader: Classical and Comtemporary Essays on the Science, Technology, and Philosophy of the Human Future*, ed. Natasha Vita-More, Max More, Chichester, UK: John Wiley & Sons, p. 3-17.

Moriyama, I. M., Woolsey, T.D. (1951), « Statistical studies of heart disease. IX. Race and sex differences in the trend of mortality from the major cardiovascular-renal diseases », *Public Health Report*, vol. 66, p. 355-368.

Moulin, A. M. (2011), « L'histoire vue par la biologie », *Aux origines de la médecine*, Paris : Fayard.

Muchembled, R. (1994), « L'extension des marchés / La croissance de la population », *Le XVIIIe siècle, 1715-1815*, Paris : Bréal.

Muller, F. H. (1939), *Tabakmissbrauch und Lungencarcinom*, Z Krebsforsch, vol. 49, p. 57-85.

Mutch, D., Wahlit, W., Williamson, G. (2005), « Nutrigenomics and nutrigenetics: the emerging faces of nutrition », in *The FASEB Journal*, vol. 19, p. 1602-1601

Ng, A., Suen, C., Coates, A. (2016), *Multi-Layer Neural Network*, Computer Science Department, Stanford University, URL: http://stanford.io/1Jjxe0b.

Nguyen, R. P. (2011), « La grippe au XXIe siècle : appel à contribution », *Bulletin de l'Organisation mondiale de la Santé*, vol. 89, p. 318-320.

Nietzsche, F. (1878), « Le voyageur et son ombre », *Humain, trop humain*, § 46.

Nietzsche, F. W., *Par-delà bien et mal*, § V.203.

Noakes, T. et al. (1979), *Autopsy-Proved Coronary Atherosclerosis in Marathon Runners*, «New England Journal of Medicine», vol. 301, July, p. 86-89.

Nodier, C. (1728), *Mélanges tirés d'une petite bibliothèque*, Paris : Crapelet, tome 1.

Okayam, A. et als (1993), « Changes in Total Serum Cholesterol and Other Risk Factors for Cardiovascular Disease in Japan, 1980–1989 », *International Journal of Epidemiology*, vol. 22, n° 6, p. 1038-1047.

OMS (2009), *Alerte et action au niveau mondial (GAR) — Vaccins contre la grippe pandémique H1N1*, http://bit.ly/d1MrcS.

Onfray, M. (2008), *Le souci des plaisirs — Construction d'une éthique solaire*, Paris : Flammarion.

ONU (2007), *Perspectives de la population mondiale, La Révision de 2006*, Département des affaires économiques et sociales, Division de la population.

Ostlund, R. E., Bosner, M. S., Stenson, W. F., (1999), « Cholesterol absorption efficiency declines at moderate dietary doses in normal human subjects », *The Journal of Lipid Research*, vol. 40, p. 1453-1458.

Parent-Duchâtelet, A. J. B. (1837), *De la prostitution dans la ville de Paris sous le rapport de l'hygiène*, 2e éd. revue et corrigée, tome 1, Paris : Baillière.

Paugam, S. (2008), *Le lien social*, Paris : PUF, coll. « Que sais-je ? ».

Pear, R (2000), *Clinton to Order Steps to Reduce Medical Mistakes*, New York Times, February 22.

Pellegrin, N. (2005), « Corps du commun, usages communs du corps », *Histoire du corps. Tome 1. De la Renaissance aux Lumières*, Paris : Seuil, coll. Points / Histoire.

Peña, C. de la (2003), « Dudley Allen Sargent: Health Machines and the Energized Male Body », *Iron Game History*, vol. 8, n° 2, p. 3-19.

Pepperell, R. (2003), *The Posthuman Condition : Consciousness beyond the Brain*, Bristol UK: Intellect Books.

Peter, J. P. (2011), « Du corps redécouvert à l'éveil clinicien », *Aux origines de la médecine*, Paris : Fayard.

Porter, R., Vigarello, G. (2005), « Corps, santé et maladies », *Histoire du corps. 1. De la Renaissance aux Lumières», tome 1, coll. Points / Histoire*, Paris : Seuil.

Proctor, R. N. (1988), *Racial hygiene: medicine under the Nazis*, Cambridge : Harvard University Press.

Proctor, R. N. (1991), *Nazi War on Cancer*, Princeton : Princeton University Press.

Proctor, R. N. (1996), « The anti-tobacco campaign of the Nazis: a little known aspect of public health in Germany, 1933-45 », *British Medical Journal*, vo. 313, p. 1450-1453.

Proust, M. (1962), *À l'ombre des jeunes filles en fleur*, «À la recherche du temps perdu», t. 1, coll. Bibliothèque de la Pléiade, Paris : Gallimard.

Quetelet, A. (1835), *Sur l'homme et le développement de ses facultés ou Essai de physique sociale*, tome 1, Paris : Bachelière.

Ramonet, I. (2004), *Propagandes silencieuses*, Paris : Gallimard.

Raynaud, D. (1998), « La controverse entre organicisme et vitalisme : étude de sociologie des sciences », *Revue française de sociologie*, vol. 39, n° 4, p. 721-750.

Rétif de La Bretonne, N. E. (1779), *La vie de mon père*, Neufchâtel, Préface.

Roelofs, T. (2013), Issues that brought Detroit to bankruptcy haunt other Michigan cities, Bridge Magazine.

Rognon, F. ([2007] 2013), *Jacques Ellul, une pensée en dialogue*, Genève: Labor et Fides.

Rosch, P.J. (2008), « Cholesterol does not cause coronary heart disease in contrast to stress », Scandinavian Cardiovascular Journal, vol. 42, p. 244–249.

Rothstein, W. G. (2003), *Public health and the risk factor : a history of an uneven medical revolution*, Rochester, NY: University of Rochester Press.

Rousseau, J. J. (1854), « Émile ou l'éducation », *Collection complète des œuvres de J.J. Rousseau*, tome 3, Londres.

Rousseau, J.J. (1850), « Émile », *Romans, contes et nouvelles illustrés*, Paris : G. Havard.

Rousseau. J. J. (1755), *Discours sur l'origine de l'inégalité parmi les hommes et si elle est autorisée par la loi naturelle*, Première partie.

Rouvillois, F. (2011), *L'invention du progrès*, Paris : CNRS Éditions.

Sagan, C. (1997), *The Pale Blue Dot*, New York : Ballantine Books.

Sand, G. (1869), « Quelques mères dans le beau monde », *Le diable à Paris. Paris et les parisiens*, Paris : Hetzel.

Sandars, T.C. (1857), *Two Years Ago*, Saturday Review, February.

Sands, S. (2008), *We're all doomed ! 40 years from global catastrophe – says climate change expert*, London: Daily Mail, March 22.

Schlesinger, M. (2002), *A Loss of Faith: The Sources of Reduced Political Legitimacy for the American Medical Profession*, «Milbank Quarterly», vol 80, n° 2. p. 185–235.

Sender, E. (2016), *Un autre transhumanisme est-il possible ?*, Paris : Sciences et Avenir, 15 mars.

Sendrail, M. (1967), *Sagesse et délire des formes*, Paris : Hachette.

Sénèque, *Lettres à Lucilius*, Lettre n° 4.

Shrestha, L.B. (2006), *Life Expectancy in the United States*, CRS Report for Congress, Domestic Social Policy Division, August 16, p. 3.

Sicard, D. (2011), « De la médecine sans corps et sans sujet à l'éthique », in *Aux origines de la médecine*, Paris : Fayard.

Simonite, T. (2013 [November 13]), « Three Questions for Computing Pioneer Carver Mead », *MIT Technology Review*.

Smith, A. ([1776] 1805), *Recherches sur la nature et les causes de la richesse des nations*, trad. Germain Garnier, Paris : H. Agasse.

Smith, A. (2013), *16 things that are wrong in Detroit*, CNN Money, July 19, URL: http://money.cnn.com/2013/07/19/news/economy/detroit-streetlights-police/index.html.

Smith, C. L. (2010), *Aubrey de Grey: We don't have to get sick as we get older*, The Guardian, August 1.

Smith, G. D., Strobele, S. A., Egger, M. (1995), « Smoking and death », *British Medical Journal*, vol. 310.

Soulié, F. (1850), « Le second mari », *Les Français peints par eux-mêmes: encyclopédie morale du dix-neuvième siècle*, dirigé par Honoré de Balzac, tome 4, Paris : Curmer Éditeur.

Spengler, O. (1948), *Le déclin de l'Occident*, Paris : Gallimard.

Starobinski, J. (1987), *L'invention de la liberté*, Paris : Flammarion.

Taine, H. (1990), *Voyage en Italie. À Rome*, Paris : Éditions Complexe.

Teysseire, D. (1995), *Obèse et impuissant : le dossier médical d'Elie-de-Beaumont, 1765-1776*, Grenoble : Éditions Jérôme Millon.

Than, K. (2005), *Hang in There: The 25-Year Wait for Immortality — Interview with Aubrey de Grey*, Live Science, http://bit.ly/o9oCPE.

The Oxford English Dictionnary, 2nd ed., London : Oxford University Press, 1989.

Thomas, B. et al. (1981), *Exercise and Health*, Cambridge : Oelgeschlager, Gunn and Hain.

Thurot (1809), « Extrait d'une lettre adressée aux Rédacteurs du Mercure sur la méthode de Pestalozzi », *Mercure de France, Journal littéraire et politique*, tome 39, Paris : Arthus-Bertrand.

Tissot, C.J. (1780), *Gymnastique médicinale et chirurgicale*, Paris : Bastien.

Tissot, S.A. (1869), *Œuvres complètes de Tissot*, tome 3, Paris : Allut.

Toffler, A. (1980), *La Troisième Vague*, Paris : Éditions Denoël.

Tomlinson, A. (2010), *A Dictionary of Sports Studies*, Oxford : Oxford University Press.

Torrès, A. (1995 [août]), *L'Eldorado cybernétique, Manière de voir*, Le Monde diplomatique, no 27, p. 49-52.

Trevelyan, C. (1848), *The Irish Crisis*, London : Longman, Brown, Green.

U.S. News and World Report (1967), *Jogging for Heart and Health : It's Catching On.*

U.S. Senate (1977), *Dietary Goals for The United States*, Washington D.C. : U.S. Government Printing Office, Foreword (notre traduction).

Ulmann, J. ([1965] 1997), *De la gymnastique aux sports modernes. Histoire des doctrines de l'éducation physique*, Paris : Vrin.

Vandermonde, C. A. (1756), *Essai sur la manière de perfectionner l'espèce humaine*, tome 1, Paris : Vincent, p. iii-iv.

Vigarello, G. (1999), *Histoire des pratiques de santé — Le sain et le malsain depuis le Moyen-Âge*, Paris : Seuil, coll. Points.

Vigarello, G. (2005), « Introduction », *Histoire du corps, Tome 1. De la Renaissance aux Lumières*, Paris : Éditions du Seuil, coll. Points / Histoire.

Vigarello, G. (2005), « S'exercer, jouer », *Histoire du corps. Tome 1. De la Renaissance aux Lumières*, Paris : Seuil.

Vigarello, G. (2010), *Les métamorphoses du gras*, Paris : Seuil.

Vigarello, G. (2012), *La silhouette*, Paris : Seuil.

Vignaux, G. (2009), *L'aventure du corps*, Paris : Pygmalion.

Virey (1816), « Aliments », *Nouveau dictionnaire d'histoire naturelle*, tome 1, Paris : Déterville.

Voltaire (1769), « Essai sur les mœurs et l'esprit des nations », *Collection complète des œuvres de M. Voltaire*, tome 9, Genève.

Warner, j. (2011), *Craze: Gin and Debauchery in an Age of Reason*, New York : Random House.

Warren, V. L. (1934), *Plump women languish on fashion's sidelines*, Washington Post, March 4.

Washington Post (1939), *Fall 1940 suits to help fat men look like Gable*, July 11.

Waters, B. (2006), *From Human to Posthuman: Christian Theology and Technology in a Postmodern World*, Aldershot England and Burlington Vermont: Ashgate.

Weber, M. (2003), *L'éthique protestante et l'esprit du capitalisme, suivi d'autres essais*, édité, traduit et présenté par J.P. Grosselin, Paris : Gallimard, p. 47. (Weber souligne la phrase.)

Welch, H.G., Schwartz, L.M., Woloshin, S. (2011), *Overdiagnosed, Making People Sick in the Pursuit of Health*, Boston: Beacon Press.

Well, W. J. (1924), *Dress to Look Slender*, Scranton, Pennsylvania : Personal Arts Company.

Wells, H. G. (1905), *A Modern Utopia*, London : Chapman & Hall.

Welsch, W. (1996), « Aestheticization processes : Phenomena, distinctions, prospects », *Theory, Culture and Society*, vol. 13, n° 1, p. 1-24.

Wersky, G. (1978), *The Visible College : The Collective Biography of British Scientific Socialists in the 1930s*, New York : Holt, Reinhart and Winston.

Whorton, J. C. (1994), « Historical development of vegetarianism », *The American Journal of Clinical Nutrition*, vol. 59.

Wyatt, E. (2009), *On 'The Biggest Loser', Health Can Take Back Seat*, The Gainesville Sun, Florida, November 25.

Wynder, E. L., Graham E. A. (1950), « Tobacco Smoking as a Possible Etiologic Factor in Bronchogenic Carcinoma: A Study of 684 Proved Cases », *Journal of the American Medical Association*, vol. 143, n° 4, p. 329-336.

Young, S. (2005), *Designer Evolution : A Transhumanist Manifesto*, Amherst NY : Prometheus Book.

Table des matières

À propos de l'auteur

Titulaire d'une maîtrise en linguistique et d'un doctorat en sociologie, Pierre Fraser a développé une expertise pointue dans l'étude de l'analyse de l'image et des discours, des systèmes sociaux et de l'innovation sociale. Pour lui, la linguistique et la sociologie ne sont pas seulement des disciplines d'observation, mais de véritables outils d'intervention permettant d'améliorer la compréhension sociale. Également informaticien et documentariste, il a combiné toutes ces expertises pour tenter de comprendre comment s'ajuster aux transformations profondes qui agitent les sociétés contemporaines.

SOCIOLOGIE
VISUELLE MÉDIA
Documentaires et Perspectives Sociales

sociologievisuelle.com